CSS
选择器世界

张鑫旭◎著

第 2 版

人民邮电出版社
北京

图书在版编目（CIP）数据

CSS选择器世界 / 张鑫旭著. -- 2版. -- 北京 : 人民邮电出版社，2023.4
 ISBN 978-7-115-60931-1

Ⅰ. ①C… Ⅱ. ①张… Ⅲ. ①网页制作工具 Ⅳ.
①TP393.092.2

中国国家版本馆CIP数据核字(2023)第012665号

内 容 提 要

CSS 选择器是 CSS 世界的支柱，撑起了整个精彩纷呈的 CSS 世界。本书专门介绍 CSS 选择器的相关知识。在本书中，作者结合多年从业经验，在 CSS 基础知识之上，充分考虑前端开发人员的开发需求，以 CSS 选择器的基本概念、优先级、命名、最佳实践以及各伪类选择器的适用场景为技术主线，为 CSS 开发人员介绍有竞争力的知识和技能。本书在第 1 版的基础上，对选择器的特性、兼容性等相关内容进行了更新，并介绍了新增的选择器。此外，本书配有专门的网站，用以进行实例展示和问题答疑。

作为一本 CSS 进阶书，本书非常适合有一定 CSS 基础的前端开发人员学习和参考。

◆ 著　　　张鑫旭
　　责任编辑　刘雅思
　　责任印制　王　郁　马振武

◆ 人民邮电出版社出版发行　北京市丰台区成寿寺路 11 号
　　邮编　100164　　电子邮件　315@ptpress.com.cn
　　网址　https://www.ptpress.com.cn
　　三河市君旺印务有限公司印刷

◆ 开本：800×1000　1/16
　　印张：16.5　　　　　　　　2023 年 4 月第 2 版
　　字数：370 千字　　　　　　2023 年 4 月河北第 1 次印刷

定价：69.80 元

读者服务热线：(010)81055410　印装质量热线：(010)81055316
反盗版热线：(010)81055315
广告经营许可证：京东市监广登字 20170147 号

前言

CSS 的发展太快了

距离《CSS 选择器世界》第 1 版出版才 3 年多，CSS 领域又新增了非常多的新特性，自然也包括很多全新的 CSS 选择器，其中最具代表性的就是 :has() 伪类，它可以实现真正意义上的父选择器效果，这可是我翘首以盼十几年的 CSS 特性。

当然，除了全新的 CSS 选择器，《CSS 选择器世界》第 1 版介绍过的 CSS Level 4 选择器也变得更加成熟，开始在生产环境中大放光彩。我积累了不少有价值的经验，值得分享给大家。因此，有必要对《CSS 选择器世界》进行再版升级，与时俱进，从实用性出发，让大家能更好地学习与成长。

CSS 选择器进阶的意义

我相信不少前端开发人员会有这样的疑惑：CSS 选择器不就是那点东西，还能写一本书？

这是很正常的想法，因为理论上只要掌握几个基础的 CSS 选择器（如类选择器），就能实现 Web 网页开发。由于 class 属性值可以设置在任意 HTML 元素上，因此，哪怕你只会类选择器，也能把 Web 页面重构出来。

这就类似于做菜，就算只有一把菜刀，也能处理各种食材，能切肉、能杀鱼、能削皮。但很显然，对于特定的食材，使用菜刀进行处理并不是最好的选择，例如瓜果削皮，菜刀绝对不如削皮刀好用。

CSS 选择器也是如此，存在必有道理。随着 Web 的不断发展，开发人员所面对的开发场景更加多变，所开发的 Web 应用也日趋复杂，如果还是借助传统的 CSS 选择器进行处理，那我们的代码就会很啰唆，并且开发效率较为低下。因此，很多全新的 CSS 选择器应运而生，可以支持现代 Web 应用开发，通过语言自身的强大功能帮助开发人员使用更少的时间完成更高质量的代码。

作为一名技术从业人员，本质上，你的职业发展高度与你的专业能力密切相关，而专业能力最直观的体现就是完成的工作又快又好。如果你精通所有的 CSS 选择器，那么，遇到合适的使用场景时就能"四两拨千斤"，别人可能使用 JavaScript 写了上百行代码，你用一行 CSS 代码就搞定了。如果你希望在前端领域有所作为，打破当下止步不前的状态，一定要敬畏技术，保持谦逊，系统学习，至少我自己就是这样不断成就自己的人生的。

正确认识本书

本书是"CSS 三部曲"中第二部的升级版，和《CSS 世界》《CSS 新世界》这两本书一起构建了完整的 CSS 世界，一起阅读收获会更多。

本书非文档，虽体系，但有侧重，基于实用性和真实开发场景构建，去粗取精，有的放矢，让大家阅读更轻松，学习更高效。

本书非入门图书，适合有一定 CSS 基础的前端人员学习和参考。新手也能通过本书学到很多知识，但往往需要多次反复阅读，因为为了做到内容精练，书中会直接略去过于基础的知识，重在讲"干货"。

本书除了开发经验的分享，还大量阐述对技术的理解，这些理解虽然稀缺，但是比较主观，因此并不能保证百分之百正确，对于我可能理解有误的内容，欢迎读者质疑和挑战。

最后，由于 CSS 选择器依然在快速发展中，因此本书部分比较前沿的知识点在未来会发生某些小的变动，我会实时跟进，并在官方论坛同步更新。

配套网站

我专门为"CSS 世界三部曲"制作了一个网站（https://www.cssworld.cn），在那里，读者可以了解更多"CSS 世界三部曲"的相关信息。如果读者有质疑，想挑战，或者要纠错，都欢迎在官方论坛（https://bbs.cssworld.cn/）对应版块进行提问或反馈，也欢迎读者添加微信 zhangxinxu-job 和我直接沟通交流。

特别感谢

衷心感谢人民邮电出版社的每一个人。

感谢人民邮电出版社的编辑杨海玲，她的专业建议对我帮助很大，她对细节的关注令人印象深刻，她使我的工作变得更加轻松。

感谢那些为提高整个行业 CSS 水平而默默努力的优秀人士，感谢那些在我成长路上指出错误的前端同仁，他们让我在探索边界的道路上走得更快、更踏实。

感谢读者，你们的支持给了我工作的动力。

最后，最最感谢我的妻子丹丹，没有她在背后的爱和支持，本书一定不会完成得这么顺利。

资源与支持

本书由异步社区出品,社区(https://www.epubit.com/)为您提供相关资源和后续服务。

配套资源

本书提供全书彩色图片。要获得相关配套资源,请在异步社区本书页面中单击 ,跳转到下载界面,按提示进行操作即可。注意:为保证购书读者的权益,该操作会给出相关提示,要求输入提取码进行验证。

提交勘误

作者和编辑尽最大努力来确保书中内容的准确性,但难免会存在疏漏。欢迎您将发现的问题反馈给我们,帮助我们提升图书的质量。

当您发现错误时,请登录异步社区,按书名搜索,进入本书页面,单击"提交勘误",输入勘误信息,单击"提交"按钮即可。本书的作者和编辑会对您提交的勘误进行审核,确认并接受后,您将获赠异步社区的100积分。积分可用于在异步社区兑换优惠券、样书或奖品。

扫码关注本书

扫描下方二维码,您将会在异步社区微信服务号中看到本书信息及相关的服务提示。

与我们联系

我们的联系邮箱是 contact@epubit.com.cn。

如果您对本书有任何疑问或建议,请您发邮件给我们,并请在邮件标题中注明本书书名,以便我们更高效地做出反馈。

如果您有兴趣出版图书、录制教学视频，或者参与图书技术审校等工作，可以发邮件给本书的责任编辑（liuyasi@ptpress.com.cn）。

如果您来自学校、培训机构或企业，想批量购买本书或异步社区出版的其他图书，也可以发邮件给我们。

如果您在网上发现有针对异步社区出品图书的各种形式的盗版行为，包括对图书全部或部分内容的非授权传播，请您将怀疑有侵权行为的链接通过邮件发给我们。您的这一举动是对作者权益的保护，也是我们持续为您提供有价值的内容的动力之源。

关于异步社区和异步图书

"异步社区"是人民邮电出版社旗下IT专业图书社区，致力于出版精品IT图书和相关学习产品，为作译者提供优质出版服务。异步社区创办于2015年8月，提供大量精品IT图书和电子书，以及高品质技术文章和视频课程。更多详情请访问异步社区官网 https://www.epubit.com。

"异步图书"是由异步社区编辑团队策划出版的精品IT专业图书的品牌，依托于人民邮电出版社的计算机图书出版积累和专业编辑团队，相关图书在封面上印有异步图书的LOGO。异步图书的出版领域包括软件开发、大数据、AI、测试、前端、网络技术等。

异步社区

微信服务号

目 录

第 1 章 概述 ··· 1
  1.1 为什么 CSS 选择器很强 ·· 1
  1.2 CSS 选择器世界的一些基本概念 ·· 1
    1.2.1 选择器、选择符、伪类和伪元素 ································ 2
    1.2.2 CSS 选择器的作用域 ··· 3
    1.2.3 CSS 选择器的命名空间 ··· 4
  1.3 无效 CSS 选择器的特性与实际应用 ···································· 5

第 2 章 CSS 声明的优先级 ··· 8
  2.1 继承与级联 ··· 9
    2.1.1 优先级的底层——继承 ··· 9
    2.1.2 优先级的中枢——级联 ··· 10
  2.2 详解@layer 规则 ··· 11
    2.2.1 @layer 规则解决的问题 ·· 11
    2.2.2 掌握@layer 规则的语法 ·· 13
    2.2.3 使整个 CSS 变成@layer ··· 15
    2.2.4 @layer 规则的嵌套 ··· 16
  2.3 叛逆的!important ··· 19
    2.3.1 !important 与层级跨越 ·· 19
    2.3.2 !important 的逆向越级 ·· 19
  2.4 CSS 选择器的优先级 ··· 20
    2.4.1 同等级 CSS 优先级规则概览 ···································· 20
    2.4.2 CSS 选择器优先级的计算规则 ·································· 21
    2.4.3 256 个选择器的越级现象 ··· 24
    2.4.4 为什么按钮:hover 变色了 ·· 25

第 3 章 CSS 选择器的命名 ·· 27
  3.1 CSS 选择器是否区分大小写 ·· 27
  3.2 CSS 选择器命名的合法性 ·· 28
    规范与更多字符的合法性 ·· 30

3.3 CSS 选择器的命名是一个哲学问题 31
3.3.1 长命名还是短命名 32
3.3.2 单命名还是组合命名 32
3.3.3 面向属性的命名和面向语义的命名 34
3.3.4 我是如何命名的 36
3.4 CSS 选择器设计的最佳实践 39
3.4.1 不要使用 ID 选择器 39
3.4.2 不要嵌套选择器 39
3.4.3 不要歧视面向属性的命名 42
3.4.4 正确使用状态类名 44
3.4.5 工具带来的变化 48
3.4.6 最佳实践汇总 48

第 4 章 入门必学的选择器 52
4.1 标签选择器 52
4.1.1 标签选择器二三事 52
4.1.2 特殊的标签选择器：通配选择器 55
4.2 类选择器 55
4.2.1 类选择器脱颖而出的原因 55
4.2.2 类选择器的其他小知识 57
4.3 ID 选择器 58

第 5 章 精通 CSS 选择符 60
5.1 后代选择符——空格（ ） 60
5.1.1 对 CSS 后代选择符可能的错误认识 61
5.1.2 对 JavaScript 中后代选择符可能的错误认识 63
5.1.3 :scope 伪类 64
5.2 子选择符——箭头（>） 66
5.2.1 子选择符和后代选择符的区别 66
5.2.2 适合使用子选择符的场景 67
5.3 相邻兄弟选择符——加号（+） 68
5.3.1 相邻兄弟选择符的相关细节 69
5.3.2 实现类似:first-child 伪类的效果 70
5.3.3 众多高级选择器技术的核心 72
5.4 随后兄弟选择符——波浪线（~） 73
5.4.1 随后兄弟选择符和相邻兄弟选择符的区别 73

5.4.2　如何实现前面兄弟选择符的效果···74
5.5　快速了解列选择符——双管道（||）···77

第 6 章　被低估的属性选择器···80

6.1　属性值匹配选择器逐渐兴起···80
6.2　属性值直接匹配选择器···81
  6.2.1　详细了解 4 种选择器···81
  6.2.2　AMCSS 开发模式简介···87
6.3　属性值正则匹配选择器···88
  6.3.1　详细了解 3 种选择器···88
  6.3.2　CSS 属性选择器搜索过滤技术···91
6.4　忽略属性值大小写的正则匹配运算符···92

第 7 章　常见交互行为的实现···94

7.1　:hover 伪类与悬停交互开发···94
  7.1.1　体验优化与:hover 延时···95
  7.1.2　非子元素的:hover 显示···96
  7.1.3　纯:hover 显示浮层的体验问题···98
7.2　使用:active 伪类实现点击反馈···99
  7.2.1　:active 伪类概述···99
  7.2.2　按钮的通用:active 样式技巧···100
  7.2.3　:active 伪类与 CSS 数据上报···102
7.3　聚焦行为伪类:focus 与用户体验···103
  7.3.1　:focus 伪类匹配机制···103
  7.3.2　:focus 伪类与 outline 轮廓···105
  7.3.3　CSS:focus 伪类与键盘无障碍访问···106
7.4　非常实用的整体焦点伪类:focus-within···109
  7.4.1　:focus-within 伪类和:focus 伪类的区别···109
  7.4.2　:focus-within 伪类实现无障碍访问的下拉列表···110
7.5　键盘焦点伪类:focus-visible···112
  :focus-visible 伪类的作用及背景变化···112

第 8 章　通过树结构伪类匹配元素···115

8.1　:root 伪类···115
  8.1.1　:root 伪类匹配的究竟是什么···116
  8.1.2　:root 伪类的应用场景···117

8.2 要多使用 :empty 伪类 ·············· 118
8.2.1 对 :empty 伪类可能存在的误解 ·············· 120
8.2.2 超实用超高频使用的 :empty 伪类 ·············· 122
8.3 比较实用的子索引伪类 ·············· 124
8.3.1 :first-child 伪类和 :last-child 伪类 ·············· 124
8.3.2 给力的 :only-child 伪类 ·············· 126
8.3.3 :nth-child() 伪类和 :nth-last-child() 伪类 ·············· 128
8.4 匹配类型的子索引伪类 ·············· 136
8.4.1 :first-of-type 伪类和 :last-of-type 伪类 ·············· 136
8.4.2 :only-of-type 伪类 ·············· 137
8.4.3 :nth-of-type() 伪类和 :nth-last-of-type() 伪类 ·············· 138

第 9 章 不容小觑的逻辑组合伪类 ·············· 142
9.1 务必掌握的否定伪类 :not() ·············· 142
告别重置，全部交给 :not() 伪类 ·············· 143
9.2 不要小看任意匹配伪类 :is() ·············· 147
9.2.1 :is() 伪类与 :matches() 伪类及 :any() 伪类之间的关系 ·············· 147
9.2.2 :is() 伪类的语法和两大作用 ·············· 147
9.2.3 :is() 伪类在 Vue 等框架中的妙用 ·············· 150
9.3 实用的优先级调整伪类 :where() ·············· 152
9.4 姗姗来迟的关联伪类 :has() ·············· 153

第 10 章 链接与锚点开发相关的伪类 ·············· 156
10.1 链接历史伪类 :link 和 :visited ·············· 156
10.1.1 深入理解 :link 伪类 ·············· 156
10.1.2 怪癖最多的 CSS 伪类 :visited ·············· 158
10.2 值得关注的超链接伪类 :any-link ·············· 161
:any-link 伪类相比于 :link 伪类的优点 ·············· 162
10.3 实用却很少使用的目标伪类 :target ·············· 163
10.3.1 :target 伪类与锚点 ·············· 164
10.3.2 :target 伪类交互布局技术简介 ·············· 166
10.4 了解目标容器伪类 :target-within ·············· 170
10.5 了解链接匹配伪类 :local-link ·············· 171

第 11 章 表单开发相关的伪类 ·············· 172
11.1 输入控件状态 ·············· 172

- 11.1.1 可用状态伪类:enabled 与禁用状态伪类:disabled ... 172
- 11.1.2 读写特性伪类:read-only 和:read-write ... 176
- 11.1.3 占位符显示伪类:placeholder-shown ... 177
- 11.1.4 使用:autofill 伪类自定义自动填充样式 ... 180
- 11.1.5 默认选项:default 伪类 ... 181
- 11.2 输入值状态 ... 184
  - 11.2.1 实用的选中选项伪类:checked ... 184
  - 11.2.2 有用的不确定值伪类:indeterminate ... 196
- 11.3 输入值验证 ... 199
  - 11.3.1 掌握有效性验证伪类:valid 和:invalid ... 199
  - 11.3.2 熟悉范围验证伪类:in-range 和:out-of-range ... 203
  - 11.3.3 熟悉可选性伪类:required 和:optional ... 205
  - 11.3.4 了解用户交互伪类:user-valid 和:user-invalid ... 210
  - 11.3.5 简单了解空值伪类:blank ... 211
- 11.4 表单元素专用伪元素 ... 211
  - 11.4.1 使用::placeholder 伪元素改变占位符的样式 ... 212
  - 11.4.2 使用::file-selector-button 伪元素匹配文件选择输入框的按钮 ... 213

第 12 章 Web Components 开发中的选择器 ... 215

- 12.1 使用:defined 伪类判断组件是否初始化 ... 215
  - 12.1.1 普通元素的:defined 适配规则 ... 217
  - 12.1.2 Safari 不支持内置自定义元素的处理 ... 219
- 12.2 使用:host 伪类匹配 Shadow 树根元素 ... 219
- 12.3 使用伪类:host() 匹配 Shadow 树根元素 ... 221
- 12.4 Shadow 树根元素上下文匹配伪类:host-context() ... 222
- 12.5 使用::part 伪元素穿透 Shadow DOM 元素 ... 223
  - ::part 伪元素对<slot>元素也是有效的 ... 226

第 13 章 音视频开发中的选择器 ... 228

- 13.1 音视频元素各种状态的匹配 ... 228
  - 13.1.1 使用:playing 伪类、:paused 伪类和:seeking 伪类匹配播放状态 ... 228
  - 13.1.2 加载状态伪类:buffering 和:stalled ... 230
  - 13.1.3 声音控制伪类:muted 和:volume-locked ... 230
- 13.2 视频字幕样式的控制 ... 230
  - 13.2.1 使用::cue 伪元素控制字幕的样式 ... 231
  - 13.2.2 了解:current、:past 和:future 这些时间维度的伪类 ... 234

第 14 章　语言和文字相关的选择器 236

14.1　了解语言相关的伪类 236
- 14.1.1　方向伪类:dir() 236
- 14.1.2　语言伪类:lang() 237

14.2　全新的文字相关的伪元素 239
- 14.2.1　::mark 伪元素简介 239
- 14.2.2　使用::target-text 伪元素高亮锚定的文字 241
- 14.2.3　使用::spelling-error 伪元素和::grammar-error 伪元素高亮拼写和语法错误 242

第 15 章　元素特殊显示状态匹配伪类 244

15.1　了解模态层匹配伪类:modal 244
15.2　了解全屏相关的伪类:fullscreen 245
15.3　了解画中画伪类:picture-in-picture 247
15.4　使用::backdrop 伪元素改变底部蒙层 248

第 1 章

概述

CSS 选择器本身很简单，就是一些特定的选择符号，于是，很多开发人员就认为 CSS 选择器的世界很简单，没什么好学的，这样的想法严重限制了开发人员的技术提升。实际上，CSS 选择器非常强大，它不仅涉及视觉表现，而且与用户安全、用户体验有非常密切的联系。

1.1 为什么 CSS 选择器很强

CSS 选择器能够做的事情远比你预想的多得多。

不少开发人员学习 JavaScript 时得心应手，但是学习 CSS 时总是没有感觉，因为他们习惯把 CSS 属性或者 CSS 选择器看成一个个独立的个体，就好像传统编程语言中的一个个 API 一样。传统编程语言讲求逻辑清晰，层次分明，主要为功能服务，因此这种不拖泥带水的 API 是非常有必要的。但 CSS 是为样式服务的，它重表现，轻逻辑，如同人的思想一样，相互碰撞才能产生火花。

尤其对于 CSS 选择器，作为 CSS 世界的支柱，其作用好比人类的脊柱，与 HTML 结构、浏览器行为、用户行为以及整个 CSS 世界相互依存、相互作用，这必然会产生很多碰撞，让 CSS 选择器变得非常强大。

同时，CSS 选择器本身也并非你想得那么单纯。

1.2 CSS 选择器世界的一些基本概念

我们平常所说的 CSS 选择器实际上是一个统称，指的是很多基本概念的集合，在正式开始介绍本书的内容之前，我们有必要先了解一下这些基本概念。

1.2.1 选择器、选择符、伪类和伪元素

CSS 选择器可以分为 4 种，即选择器、选择符、伪类和伪元素。

1. 选择器

这里的"选择器"指的就是平常使用的 CSS 声明块前面的标签、类名等。例如：

```css
body { font: menu; }
```

这里的 body 就是一种选择器，属于类型选择器，也可以称为标签选择器。

```css
.container { background-color: olive; }
```

这里的 .container 也是选择器，属于属性选择器，我们平时称其为类选择器。

还有很多其他种类的选择器，后面将会详细介绍。

2. 选择符

目前我所知道的 CSS 选择器世界中的选择符有 5 种，即表示后代关系的空格（ ）、表示父子关系的箭头（>）、表示相邻兄弟关系的加号（+）、表示兄弟关系的波浪线（~），以及表示列关系的双管道（||）。

这 5 种选择符分别示意如下：

```css
/* 后代关系 */
.container img { object-fit: cover; }
/* 父子关系 */
ol > li { margin: .5em 0; }
/* 相邻兄弟关系 */
button + button { margin-left: 10px; }
/* 兄弟关系 */
button ~ button { margin-left: 10px; }
/* 列 */
.col || td { background-color: skyblue; }
```

关于选择符的更多知识参见第 5 章。

3. 伪类

伪类的特征是其前面有一个冒号（:），通常与浏览器行为和用户行为相关联，可以看作 CSS 世界的 JavaScript。伪类和选择符相互配合可以实现非常多的纯 CSS 交互效果。

例如：

```css
a:hover { color: darkblue; }
```

4. 伪元素

伪元素的特征是其前面有两个冒号（::），常见的有 ::before、::after、::first-letter 和 ::first-line 等。

本书不会对这些常用的伪元素做专门的介绍,读者若有兴趣可以参见《CSS 世界》和《CSS 新世界》的相关章节。

1.2.2　CSS 选择器的作用域

以前 CSS 选择器只有一个全局作用域,也就是在网页中任意位置的 CSS 都共用一个文档上下文。

如今 CSS 选择器是有局部作用域的概念的。伪类 :scope 的设计初衷就是匹配局部作用域内的元素。例如,对于下面的代码:

```
<section>
  <style scoped>
   p { color: blue; }
   :scope { background-color: red; }
  </style>
  <p>在作用域内,背景色应该是红色。</p>
</section>
<p>在作用域外,默认背景色。</p>
```

理论上,`<section>`标签里面的`<p>`元素的背景色应该是红色,但目前没有任何浏览器表现为红色。实际上此特性曾被浏览器支持过,但只是昙花一现,现在已经被舍弃。目前虽然伪类 :scope 也能解析,但只能当作全局作用域。但是,这并不表示 :scope 一无是处,它在 JavaScript 中还是有效的,这一点将在 5.1.3 节中进一步展开介绍。

另外,CSS 选择器的局部作用域在 Shadow DOM 中也是有效的。例如,有一个`<div>`元素:

```
<div id="hostElement"></div>
```

然后使用 Shadow DOM 为这个`<div>`元素创建一个`<p>`元素并且控制其背景色的样式,如下:

```
// 创建 Shadow DOM
var shadow = hostElement.attachShadow({mode: 'open'});
// 给 Shadow DOM 添加文字
shadow.innerHTML = '<p>我是由 Shadow DOM 创建的 &lt;p&gt; 元素,我的背景色是? </p>';
// 添加 CSS,p 标签背景色变成黑色
shadow.innerHTML += '<style>p { background-color: #333; color: #fff; }</style>';
```

结果如图 1-1 所示,Shadow DOM 创建的`<p>`元素的背景色是黑色,而页面原本的`<p>`元素的背景色不受任何影响。

图 1-1　页面原本的`<p>`元素的背景色不受任何影响

上面的 CSS 选择器的局部作用域示例都配有演示页面,读者可以手动输入 https://demo.cssworld.cn/selector2/1/2-1.php 或扫描下面的二维码体验与学习。

1.2.3 CSS 选择器的命名空间

CSS 选择器中还有一个命名空间（namespace）的概念，这里简单介绍一下。

命名空间可以让来自多个 XML 词汇表的元素的属性或样式彼此之间不产生冲突，它的使用非常常见，例如 XHTML 文档：

```
<html xmlns="http://www.w3.org/1999/xhtml">
```

又如 SVG 文件的命名空间：

```
<svg xmlns="http://www.w3.org/2000/svg">
```

上述代码中的 xmlns 属性值对应的 URL 地址就是一个简单的命名空间名称，并不指向实际的在线地址，浏览器不会使用或处理这个 URL。

在 CSS 选择器世界中命名空间的作用也是避免冲突。例如，在 HTML 和 SVG 中都会用到<a>链接，此时就可能产生冲突，我们可以借助命名空间进行规避，具体方法是使用 @namespace 规则声明命名空间：

```
@namespace url(http://www.w3.org/1999/xhtml);
@namespace svg url(http://www.w3.org/2000/svg);
/* XHTML 中的<a>元素 */
a {}
/* SVG 中<a>元素 */
svg|a {}
/* 同时匹配 XHTML 和 SVG 的<a>元素 */
*|a {}
```

注意，上述 CSS 代码中的 svg 也可以换成其他字符，这里的 svg 并不表示 svg 标签的意思。

眼见为实，我们通过一个实际案例来直观地了解一下 CSS 选择器的命名空间。HTML 和 CSS 代码如下：

```
<p>这是文字：<a href>点击刷新</a></p>
<p>这是 SVG：<svg><a xlink:href><path d="..."/></a></svg></p>
@namespace "http://www.w3.org/1999/xhtml";
@namespace svg "http://www.w3.org/2000/svg";
svg|a { color: black; fill: currentColor; }
a { color: gray; }
```

`svg|a` 中有一个管道符`|`，管道符前面的字符表示命名空间的代称，管道符后面的内容则是选择器。本例的代码表示在 `http://www.w3.org/2000/svg` 这个命名空间下所有`<a>`的颜色都是 `black`，由于 `xhtml` 的命名空间也被指定了，因此 SVG 中的`<a>`就不会受标签选择器 a 的影响，即便纯标签选择器 a 的优先级再高也无效。

最终的效果如图 1-2 所示，文字链接颜色为灰色，SVG 图标颜色为黑色。

图 1-2　不同命名空间下的样式保护

眼见为实，读者可以手动输入 https://demo.cssworld.cn/selector2/1/2-2.php 或扫描下面的二维码体验与学习。

CSS 选择器命名空间的兼容性很好，至少 10 年前浏览器就已支持，但是，很少见人在项目中使用它，这是为什么呢？

原因有二。其一，在 HTML 中直接内联 SVG 的应用场景并不多，它更多的是作为独立的 SVG 资源使用，即使内联，也很少有需要对特性 SVG 标签进行样式控制的需求；其二，有其他更简单的替代方案，例如，如果我们希望 SVG 中所有的`<a>`元素的颜色都是 `black`，可以直接用：

```
svg a { color: black; }
```

无须掌握复杂的命名空间语法就能实现我们想要的效果，这样做的唯一缺点就是增加了 SVG 中 a 元素的优先级，但是在大多数场景下，这对我们的实际开发没有任何影响。综合来看，这是一种性价比高很多的实现方式，几乎找不到需要使用命名空间的理由。

因此，对于 CSS 选择器的命名空间，我给大家的建议就是了解即可，在遇到大规模冲突场景时能想到还有这样一种解决方法就可以了。

1.3　无效 CSS 选择器的特性与实际应用

很多 CSS 伪类选择器是最近几年才出现的，浏览器并不支持，浏览器会把这些选择器当作无效选择器，这是没有任何问题的。但是当这些无效的 CSS 选择器和浏览器支持的 CSS 选择器在代码中一起出现的时候，会导致整个选择器无效。举个例子，有如下 CSS 代码：

```css
.example:hover,
.example:active,
.example:focus-within {
    color: red;
}
```

:hover 和 :active 是浏览器很早就支持的两个伪类，按道理讲，所有浏览器都能识别这两个伪类，但是，由于 IE 浏览器并不支持 :focus-within 伪类，导致 IE 浏览器无法识别整个语句，这就是无效 CSS 选择器特性。

因此，我们在使用一些新的 CSS 选择器时，出于渐进增强的目的，需要将它们分开书写：

```css
/* IE 浏览器可识别 */
.example:hover,
.example:active {
    color: red;
}
/* IE 浏览器不可识别 */
.example:focus-within {
    color: red;
}
```

不过，在诸多 CSS 选择器中，这种无效选择器特性出现了一个例外，那就是浏览器可以识别以 -webkit- 私有前缀开头的伪元素。例如，下面这段 CSS 选择器就是无效的：

```css
div, span::whatever {
    background: gray;
}
```

但是，如果加上一个 -webkit- 私有前缀，浏览器就可以识别了，<div> 元素背景色为灰色，如图 1-3 所示：

```css
div, span::-webkit-whatever {
    background: gray;
}
```

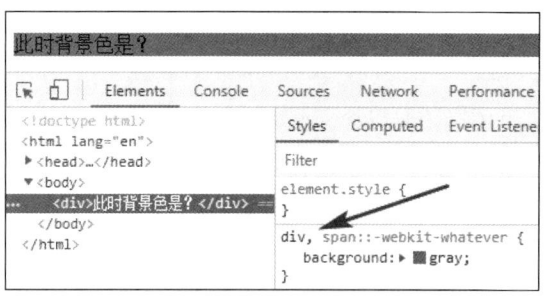

图 1-3　div 背景色为 gray

除了 IE 浏览器，其他浏览器均支持（Firefox 63 及以上版本支持）识别这个 -webkit- 无效伪元素的特性。于是，我们就可以灵活运用这种特性来帮助完成实际开发。例如，对 IE 浏览器和其他浏览器进行精准区分：

```css
/* IE 浏览器 */
.example {
  background: black;
}
/* 其他浏览器 */
.example, ::-webkit-whatever {
  background: gray;
}
```

当然，上面的无效伪类导致整行选择器失效的特性也可以用来区分浏览器。

第 2 章
CSS 声明的优先级

本章会系统介绍 CSS 声明的优先级。

我们一定都在开发者工具的样式面板中看到过图 2-1 这样的一格一格的内容。不知大家有没有关注过其中的细节,比如图 2-1 中几个箭头示意的先后顺序、方框选中的描述关键字。

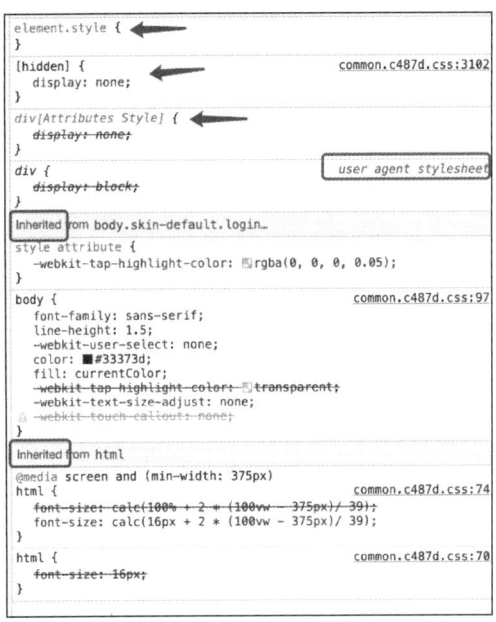

图 2-1　样式面板中的 CSS 优先级关系示意

这些细节看起来平平无奇,其实它们背后有非常系统的 CSS 知识体系作为支撑。了解了这些背后的知识,才能真正掌握 CSS 中的优先级,也就能知道很多看似普通却令人不解的现象背后的原因了。

2.1 继承与级联

CSS 中的优先级规则分为两大类，一类称为继承，另一类称为级联。

接下来分别介绍这两类规则与 CSS 优先级的关系。

2.1.1 优先级的底层——继承

关于继承，只需要记住这样一句话：被继承的 CSS 声明的优先级一定位于整个 CSS 世界的底层。

举个例子，HTML 代码和 CSS 代码如下所示：

```
<p id="text">文字</p>
p::first-line { color: blue; }
#text { color: green !important; }
```

请问，文字颜色是 `blue` 还是 `green`？

答案是 `blue`！

这里其实比的不是选择器的优先级，而是继承与否。

`color` 属性是一个可继承属性，无论 `<p>` 元素的 `color` 属性如何设置，对 `::first-line` 伪元素而言，其都是继承属性，优先级最低，因此，最终的颜色是 `blue`。

另外，如果一个 CSS 属性同时继承自多个元素，则 DOM 层级越深的元素所继承的 CSS 优先级越高。

例如下面这个例子，请问 `<p>` 元素的文字颜色是 `red` 还是 `green`？

```
<!DOCTYPE html>
<html>
<body>
  <p>文字颜色</p>
</body>
</html>

:root { color: red; }
body { color: green; }
```

没错，是 `green`！

`<body>` 元素的 DOM 层级比 `<html>` 深，因此，最终的文字颜色是 `body` 标签设置的属性值 `green`。

以上就是继承在 CSS 声明的优先级中扮演的角色，还是很浅显易懂的。接下来介绍级联，做好心理准备，级联中所包含的优先级规则要复杂得多，当然，要学习的东西也更多。

2.1.2 优先级的中枢——级联

级联既是概念也是模块,其优先级高于继承,包含了几乎所有 CSS 优先级的知识。

很多人会认为,CSS 的优先级呈线性关系:我比你高,你比我低,我们一起在一个"大染缸"里。

其实并非如此,CSS 的优先级是分层的,就像一层层的建筑,每一层就像一个封闭的小宇宙,与其他层互不关联,其优先级也无法超越。

具体某个 CSS 声明归属于其中某一层的某一个房间,这种分层加嵌套的关系就称为级联。
在 CSS 的继承与级联规则中,级联层的优先级定义为以下 10 项。

(1) `transition` 过渡声明;
(2) 设置了 `!important` 的浏览器内置样式;
(3) 设置了 `!important` 的用户设置的样式;
(4) `@layer` 规则中设置的包含 `!important` 的样式;
(5) 开发者设置的包含 `!important` 的样式;
(6) `animation` 动画声明;
(7) 开发者设置的 CSS 样式;
(8) `@layer` 规则中的 CSS 样式;
(9) 用户设置的 CSS 样式;
(10) 浏览器内置的 CSS 样式。

其中,出现了两个 CSS 属性,一个是 `transition` 过渡声明,另一个是 `animation` 动画声明。这两个级联层规则可以忽略,原因在于以下两方面。

一方面,对于 `transition` 过渡声明,规则中称其优先级最高,位于顶级,但是无论如何测试它都是一个普通的 CSS 属性行为,并不具有规则所称的具有顶级的层级。

另一方面,对于 `animation` 动画声明,在规则中,其优先级低于 `!important` 属性,但是实际测试结果却不是这样的:除 Firefox 浏览器之外的所有浏览器,包括 Chrome、Safari、Edge 甚至 IE 浏览器,其 `@keyframes` 规则中的 CSS 优先级都高于 `!important`。

此外,(2)~(5)项和 `!important` 相关的规则与(7)~(10)项是有对应关系的,因此,我们需要重点关注的就是最后 4 项级联规则。

首先是浏览器内置样式,官方说法叫作"用户代理样式",其实指的就是浏览器默认对一些 HTML 元素进行的样式设置。

例如图 2-2 所示的效果,在右上角会有 `user agent stylesheet` 的标识,中文版显示的是"用户代理样式表"。

然后是用户设置样式,这指的是用户通过某些行为带来的样式,例如浏览器自身提供的样式设置选项,或者是安装了某个浏览器插件。

图 2-3 展示的就是某个 Chrome 插件注入的样式代码,在右上角会有 `injected stylesheet`

字样，中文版显示的是"注入样式表"。

```
p {
    display: block;                      ← user agent stylesheet
    margin-block-start: 1em;
    margin-block-end: 1em;
    margin-inline-start: 0px;
    margin-inline-end: 0px;
}
```

图 2-2　浏览器内置的样式示意

```
#topAdOut, #topRecomm, .col-    ← injected stylesheet
aside, .col-google, .da_bottom, .top_da,
[class*="_block-"], [class*="bottom_"],
[class*="zxx"] + *, article > .link:first-child,
[onclick*="Ad"], a[href*=".ke.qq."],
a[style^="background-image"],
```

图 2-3　用户设置的样式示意

至于@layer规则，由于其内容比较重要且知识点较多，2.2节会专门介绍。

最后是开发者设置的样式，其实就是Web前端开发人员日常所写的CSS代码，无论是内联在HTML中的CSS还是CSS文件中的代码，都属于这个级联层，其示意如图2-4所示。

```
element.style {
}
article p[class^="p"] {                            <style>
    display: flex;
    flex-wrap: wrap;
    align-items: flex-end;
}
```

图 2-4　开发者设置的样式示意

上面4种类型的样式分属于不同的级联层，其优先级顺序为：

日常开发代码>@layer开发代码>插件注入代码>浏览器内置代码。

开发者设置的级联层优先级最高，浏览器内置的级联层的优先级最低。每个层级中的任何CSS的优先级都不可能比它上面的层级高。

因此，当要比较两段CSS代码中哪个优先级更高的时候，不是先看选择器的优先级，而是先看级联层的优先级。

2.2　详解@layer规则

接下来介绍非常实用的@layer规则。

2.2.1　@layer规则解决的问题

先讲解一下设计@layer的初衷。

我们在实际开发的时候，经常会使用第三方组件。每个产品通常都有自己的UI样式风格，当引入第三方组件的时候，往往需要对这些组件的 UI 进行重置，例如换肤、变色等。此时，我们的做法是使用优先级更高的选择器进行覆盖，例如第三方组件中某个按钮的选择器是：

```
.container .some-button { height: 30px; }
```

当需要重置的时候，可能就会使用类似于下面的选择器，通过增加选择器复杂度的方式进行重置。

```
.reset .container .some-button { height: 40px; }
```

这就会使我们的 CSS 代码变得很臃肿，维护成本上升，同时过于复杂的选择器也使 CSS 渲染的性能不是很好。

又如这个困扰我很久的例子，对于链接元素的 CSS reset，有一种非常好的方法是使用:any-link 伪类，代码示意如下：

```
:any-link { color: darkblue; }
:any-link:hover { color: blue; }
```

其语义明确，匹配精准，且无须担心:visited 伪类的干扰，可以参见 10.2 节讲解的超链接伪类。

然而，这个伪类却很少有人使用，其原因只有一个，那就是伪类的优先级比较高，不太适合作为 CSS reset 使用，因为一旦设置这个伪类，某个<a>元素按钮想要被重置颜色，所需的选择器成本就会很高，提升了整个项目的选择器复杂度。

而有了@layer 规则，上面这些问题就迎刃而解了。我们只要将希望获得低优先级的 CSS 代码放在@layer 规则中，就无须再担心选择器优先级过高的问题，因为@layer 规则的级联层级比常规的 CSS 代码的级联层级低。

参见这里的 CSS 代码示意：

```
@layer {
  .container .some-button { height: 30px; }
  :any-link { color: darkblue; }
  :any-link:hover { color: blue; }
}
/* 业务代码 */
.some-button { height: 40px; }
a { color: deepskyblue; }
```

此时相关的 CSS 代码在浏览器的优先级层级关系如图 2-5 和图 2-6 所示。

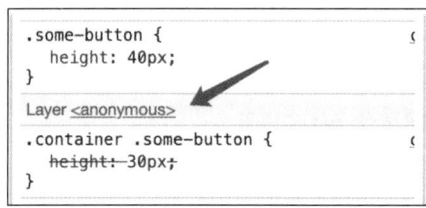

图 2-5　按钮的单类名优先级更高

图 2-6 <a>元素优先级高于:any-link 伪类

从图 2-5 可以看出，虽然业务代码中的按钮选择器只有一个类名.some-button，其优先级低于.container 和.some-button 这两个类名，但是由于代码所在的级联层级更高，因此，还是重置了 30px。

从图 2-6 可以看出，链接的颜色最终按照 a 标签选择器渲染了，再也不用担心:any-link 伪类作为 CSS reset 代码会影响业务代码中<a>元素的样式设置了。

眼见为实，读者可以输入 https://demo.cssworld.cn/selector2/2/2-1.php 或者扫描下面的二维码查看对应的效果。

这就是@layer 规则的作用，可以让 CSS 代码的级联层级降低，从而确保主业务的 CSS 代码不受第三方组件的 CSS 代码的影响。

2.2.2 掌握@layer 规则的语法

@layer 这个 AT 规则（CSS at-rule）的语法如下：

```
@layer {rules}
@layer layer-name {rules};
@layer layer-name;
@layer layer-name, layer-name, layer-name;
```

其中，@layer {rules}语法在前文出现过，没有任何层级名，称为匿名级联层，而下面 3 种语法均需要自定义级联层的名称，称为命名级联层。

下面重点介绍这 3 种命名级联层语法。

1. 命名带规则语法

这种语法和匿名级联层语法的唯一区别就是多了一个名称，便于开发人员识别与管理，从性质上来讲，有点类似于编程语言中的变量。

例如：

```css
@layer button {
  .container .some-button {
    height: 30px;
  }
}
@layer link {
  :any-link {
    color: blue;
  }
}
```

此时，我们可以使用下面的单命名语法或者多命名语法来灵活调整不同级联层的优先级顺序。如果我们没有这样的需求，则可以直接使用匿名级联层语法。

2. 单命名语法

`@layer layer-name` 主要用于灵活设置@layer 规则之间的优先级顺序。例如，有一个级联层，名为 peacock，希望这个级联层的优先级最低，但是，相关 CSS 代码的位置却无法控制，有可能靠前，也可能靠后，此时，`@layer layer-name` 这个语法就有用武之地了。

```css
@layer peacock;

/* ……大量的 CSS 代码…… */
/* ……大量的 CSS 代码…… */
/* ……大量的 CSS 代码…… */

/* 虽然我位置靠后，但我优先级最低 */
@layer peacock {
  .bottom-layer {
    content: 'hello world'
  }
}
```

上面这段 CSS 代码，虽然@layer peacock{}出现在 CSS 语句的最后面，但是由于在开头设置了@layer peacock;这行代码，peacock 这个级联层中的所有 CSS 代码的优先级都是最低的。

3. 多命名语法

`@layer layer-name, layer-name, layer-name` 这个多命名语法和@layer layer-name 这个单命名语法的作用是类似的，也是用来灵活调整@layer 规则的整体优先级的。

在默认情况下，@layer 规则内 CSS 声明的优先级取决于先后顺序，例如：

```
@layer b1 {
  button { padding: 10px; }
}
@layer b2 {
  button { padding: 20px; }
}
```

此时，如果页面中有一个<button>按钮元素，则此按钮元素的内间距是 20px，因为设置 padding:20px 的规则出现在后面。

如果我们希望 b2 级联层的优先级高于 b1 级联层的优先级，则使用多命名语法设置好先后顺序就可以了。

```
@layer b2, b1;
@layer b1 {
  button { padding: 10px; }
}
@layer b2 {
  button { padding: 20px; }
}
```

此时，按钮元素匹配的 padding 内间距值是 10px，因为 @layer 多命名语法中 b1 出现在后面，优先级更高，参见图 2-7 所示的优先级覆盖效果。

图 2-7　多命名级联层语法的作用示意

眼见为实，读者可以输入 https://demo.cssworld.cn/selector2/2/2-2.php 或者扫描下面的二维码查看对应的效果。

2.2.3　使整个 CSS 变成 @layer

对于第三方的 CSS 文件，尤其是那些通过 CDN 实现的绝对地址 CSS，我们是没办法修改相关的代码的，此时有办法使这部分 CSS 变成低优先级的级联层吗？答案是可以的，我们可以

尝试使用 @import 语法。

如果希望导入其他 CSS 文件的低优先级，可以这样设置：

```
@import './example.css' layer(example);
```

也就是在传统的 @import 语法后面再添加一个 layer(some-name) 就可以了。

此时，example.css 中的所有 CSS 声明的优先级都低于常规设置的 CSS 声明。其中 layer() 函数中的名称可以自行定义，如果想要调整 layer(some-name) 的优先级，可以参照多命名语法的用法。例如：

```
layer button, example;
@import './example.css' layer(example);
@layer button {}
```

同时也支持匿名引入的语法，例如：

```
@import './example.css' layer;
```

2.2.4 @layer 规则的嵌套

@layer 规则还支持更加复杂的嵌套语法。先看一个比较简单的嵌套例子：

```
@layer outer {
    button {
        width: 100px;
        height: 30px;
    }
    @layer inner {
        button {
            height: 40px;
            width: 160px;
        }
    }
}
```

此时，button 选择器的外层优先级高于内层。读者可以这么理解：每多一层 @layer，样式的优先级就降低一层。因此，上面的代码中最终生效的是外层的 width:100px 和 height:30px，效果如图 2-8 所示。

图 2-8　@layer 规则嵌套语法的优先级渲染效果

此时在开发者工具的样式面板中可以看到图 2-9 所示的 CSS 代码优先级覆盖关系。

```
@layer outer                          内联:3
button ⚙ {
    width: 100px;
    height: 30px;
}
@layer outer                          内联:8
@layer inner
button ⚙ {
    height: 40px;  ▽
    width: 160px;  ▽
}
```

图 2-9　@layer 规则嵌套语法的优先级覆盖示意

眼见为实，读者可以输入 https://demo.cssworld.cn/selector2/2/2-3.php 或者扫描下面的二维码查看对应的效果。

1. 点（.）级联写法

内外嵌套的语法还可以使用字符点（.）进行连接，例如，上面例子中的 CSS 代码和下面的 CSS 代码的效果是完全一样的，参见图 2-8。

```css
@layer outer {
  button {
    width: 100px;
    height: 30px;
  }
}
@layer outer.inner {
  button {
    height: 40px;
    width: 160px;
  }
}
```

嵌套的层数不限，例如嵌套 5 层、10 层甚至更多层都是可以的，当然，实际开发中不会用到这样深的层级关系。

2. 多嵌套语法下的优先级

当存在多个 @layer 规则，同时这些 @layer 规则之间都有嵌套关系的时候，各个 CSS 声明的优先级又是怎样的呢？只需要记住这样一句话：内层 @layer 规则的优先级由外层 @layer 规则决定。例如下面这个例子：

```
@layer 甲 {
  p { color: red; }
  @layer 乙 {
    p { color: green; }
  }
}
@layer 丙 {
  p { color: orange; }
  @layer 丁 {
    p { color: blue; }
  }
}
```

由于"丙"位置靠后,因此"丙"的优先级高于"甲",而对于单独某个级联层的优先级,则是外层的优先级更高,因此,最终的优先级顺序是:丙 > 丙.丁 > 甲 > 甲.乙

真实渲染的覆盖关系如图 2-10 所示:

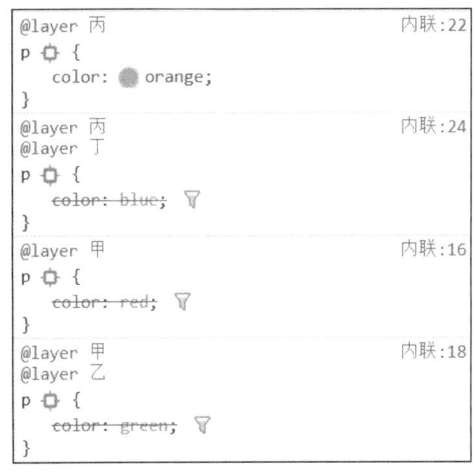

图 2-10　@layer 规则在多嵌套语法下的优先级覆盖示意

因此,最终 <p> 元素应用的 color 属性值是 orange。

眼见为实,读者可以输入 https://demo.cssworld.cn/selector2/2/2-3.php 或者扫描下面的二维码查看对应的效果。

2.3 叛逆的 `!important`

在 CSS 属性值的后面添加 `!important` 可以提升 CSS 属性的优先级，例如：

`.foo { color: #fff !important; }`

此时，无论使用何种级别的选择器，`.foo` 元素的颜色都是白色，这个很多人都知道。但是很多人不知道 `!important` 提升 CSS 属性优先级的机制，更不知道 `!important` 有逆向越级的神奇特性。

2.3.1 `!important` 与层级跨越

在撰写本书第 1 版的时候，我对 `!important` 的认知还比较传统，认为 CSS 的优先级就像一个小世界，设置了 `!important` 之后，这个 CSS 属性就可以在 CSS 世界中"称王称霸"。

实际上，`!important` 所起的作用不是这样，而是直接将这个 CSS 属性带到另一个更高维度的世界中，而这个"更高维度的世界"就是更高级别的级联层级。

此时我们再回顾一下 2.1.2 节中的级联层级的优先级关系：

（1）设置了 `!important` 的浏览器内置样式；
（2）设置了 `!important` 的用户设置的样式；
（3）`@layer` 规则中设置的包含 `!important` 的样式；
（4）开发者设置的包含 `!important` 的样式；
（5）开发者设置的 CSS 样式；
（6）`@layer` 规则中的 CSS 样式；
（7）用户设置的 CSS 样式；
（8）浏览器内置的 CSS 样式。

可以看到，无论是浏览器内置的 CSS 样式、用户设置的 CSS 样式、`@layer` 规则中的 CSS 样式，还是开发者设置的 CSS 样式，其中的 CSS 属性只要被设置了 `!important`，就会拥有一个只属于其自身的级联层级。并且，如果我们观察得足够仔细，就会发现 `!important` 的级联层级的提升规则是逆向越级，非常有趣。

2.3.2 `!important` 的逆向越级

所谓"逆向越级"指的是原本级联层级高的 CSS 使用了 `!important` 之后，优先级反而低；而原本名不见经传、在底层苦苦挣扎的低级联层级 CSS 声明在应用了 `!important` 之后，直接"乌鸦变凤凰，鸟枪换大炮"，CSS 的优先级反而最高。

例如浏览器内置样式，经常会看到其后面跟着一个 `!important`，如图 2-11 所示。

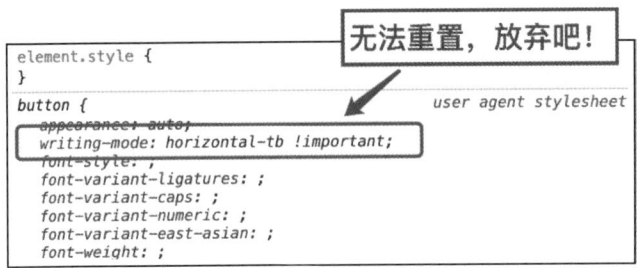

图 2-11　浏览器内置的 CSS 样式设置!important 示意

大家千万不要企图使用任何 CSS 去重置它,这是不可能的,它的优先级最高。

又如优先级顺序处于倒数第二的用户设置样式,一旦注入的 CSS 包含!important,开发人员就无法重置,即使同样设置了!important 也不起作用,因为设置的层级没有原本的高。

这也是那些广告拦截插件代码如此简单,只是一个 `display:none`,我们却无能为力的原因,如图 2-12 所示,开发者是无法重置其中的 CSS 的,除非开发另一个同样级联层级的插件去覆盖。

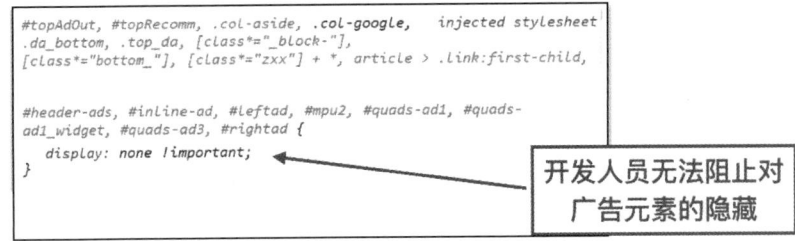

图 2-12　用户设置的 CSS 样式包含!important 示意

由于!important 可以轻松使 CSS 属性的优先级越级,因此,非到万不得已不要使用这个特性,因为这样会大大增加 CSS 代码的优先级复杂度,从而增加不必要的维护成本。

2.4　CSS 选择器的优先级

本节介绍每一个级联层中的 CSS 属性的优先级,这主要是由 CSS 选择器的优先级决定的。

2.4.1　同等级 CSS 优先级规则概览

每一个级联层中的 CSS 优先级也有明显的不可跨越的等级,我们将其划分为 0~4 共 5 个等级,其中前 4 个等级由 CSS 选择器决定,最后一个等级由书写形式决定。下面对这 5 个等级分别进行讲解。

(1) 0 级：通配选择器、选择符和逻辑组合伪类。其中，通配选择器写作星号（*）。示例如下：

```
* { color: #000; }
```

选择符指空格、>、+、~ 和 ||。关于选择符的更多知识参见第 5 章。

逻辑组合伪类有 :not()、:is() 和 :where() 等，这些伪类本身并不影响 CSS 优先级，影响优先级的是括号内的选择器（:where() 比较特殊，括号内参数的优先级永远是 0）。示例如下：

```
:not() {}
```

需要注意的是，只有逻辑组合伪类的优先级是 0 级，其他伪类的优先级并非如此。

(2) 1 级：标签选择器。示例如下：

```
body { color: #333; }
```

(3) 2 级：类选择器、属性选择器和伪类。示例如下：

```
.foo { color: #666; }
[foo] { color: #666; }
:hover { color: #333; }
```

(4) 3 级：ID 选择器。示例如下：

```
#foo { color: #999; }
```

(5) 4 级：style 属性内联。示例如下：

```
<span style="color: #ccc;">优先级</span>
```

其中，style 属性内联具有高优先级很好理解，而前面 0～3 级的选择器部分相对复杂得多，也重要得多，因为前端通常所说的 CSS 优先级其实指的就是 CSS 选择器的优先级。甚至可以说，掌握了 CSS 选择器的优先级等同于掌握了完整的 CSS 优先级规则。

2.4.2　CSS 选择器优先级的计算规则

对于 CSS 选择器优先级的计算，业界流传甚广的是数值计算法。具体如下：每一段 CSS 语句的选择器都可以对应一个具体的优先级数值，数值越大优先级越高，其中的 CSS 语句将被优先渲染。其中，出现一个 0 级选择器，优先级数值 +0；出现一个 1 级选择器，优先级数值 +1；出现一个 2 级选择器，优先级数值 +10；出现一个 3 级选择器，优先级数值 +100。

于是，有表 2-1 所示的计算结果。

表 2-1　选择器优先级数值

选择器	优先级数值	计算规则
`* {}`	0	1 个 0 级通配选择器，优先级数值为 0
`dialog {}`	1	1 个 1 级标签选择器，优先级数值为 1

选择器	优先级数值	计算规则
`ul > li {}`	2	2个1级标签选择器，1个0级选择符，优先级数值为 1+0+1
`li > ol + ol {}`	3	3个1级标签选择器，2个0级选择符，优先级数值为 1+0+1+0+1
`.foo {}`	10	1个2级类选择器，优先级数值为10
`a:not([rel=nofollow]) {}`	11	1个1级标签选择器，1个0级否定伪类，1个2级属性选择器，优先级数值为1+0+10
`a:hover {}`	11	1个1级标签选择器，1个2级伪类，优先级数值为1+10
`ol li.foo {}`	12	1个2级类选择器，2个1级标签选择器，1个0级空格选择符，优先级数值为1+0+1+10
`li.foo.bar {}`	21	2个2级类选择器，1个1级标签选择器，优先级数值为10×2+1
`#foo {}`	100	1个3级ID选择器，优先级数值为100
`#foo .bar p {}`	111	1个3级ID选择器，1个2级类选择器，1个1级标签选择器，优先级数值为100+10+1

那么`<body>`元素的颜色是红色还是蓝色？

```
<html lang="zh-CN">
    <body class="foo">颜色是？</body>
</html>
body.foo:not([dir]) { color: red; }
html[lang] > .foo { color: blue; }
```

我们先来计算一下各自的优先级数值。

首先是`body.foo:not([dir])`，出现了1个标签选择器`body`、1个类选择器`.foo`、1个否定伪类`:not()`，以及1个属性选择器`[dir]`，计算结果是1+10+0+10，也就是21。

接下来是`html[lang] > body.foo`，出现了1个标签选择器`html`、1个属性选择器`[lang]`和1个类选择器`.foo`，计算结果是1+10+10，也就是21。

这两个选择器的优先级数值相等，那么该怎么渲染呢？这就引出了另一个重要的规则——后来居上，也就是当CSS选择器的优先级数值相等的时候，后渲染的选择器的优先级更高。因此，上一问题的最终颜色是蓝色（`blue`）。

后渲染的选择器优先级更高的规则是对整个页面文档而言的，而不仅仅是在一个单独的CSS文件中适用。例如：

```
<style>body { color: red; }</style>
<link rel="stylesheet" href="a.css">
<link rel="stylesheet" href="b.css">
```

其中，在 a.css 中有：

body { color: yellow; }

在 b.css 中有：

body { color: blue; }

此时，body 的颜色是蓝色，如图 2-13 所示，因为 blue 所在的这段 CSS 语句在文档中是最后出现的。

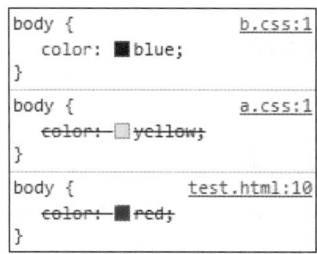

图 2-13　浏览器中 body 颜色的优先级

还有一点有必要强调一下，那就是 CSS 选择器的优先级与 DOM 元素的层级位置没有任何关系。例如：

body .foo { color: red; }
html .foo { color: blue; }

请问 .foo 的颜色是红色还是蓝色？

答案是蓝色。虽然 <body> 是 <html> 的子元素，离 .foo 的距离更近，但是决定选择器的优先级时并不考虑 DOM 的位置，所以后面的 html.foo{} 的优先级更高。

1. 提升 CSS 选择器优先级的小技巧

实际开发时，难免会遇到需要提升 CSS 选择器优先级的场景。例如，希望增加下面 .foo 类选择器的权重：

.foo { color: #333; }

很多人的做法是增加嵌套，例如：

.father .foo {}

或者是增加一个标签选择器，例如：

div.foo {}

但这些都不是最好的方法，因为这些方法增加了耦合，降低了可维护性，一旦父元素类名变化了或者标签换了，样式岂不是就失效了？这里给大家介绍一个提升 CSS 选择器优先级的小技巧，那就是重复选择器自身。例如，可以像下面这样做，既提升了优先级，又不会增加耦合：

```
.foo.foo {}
```

如果你实在不喜欢这种写法，那么借助必然会存在的属性选择器也是不错的方法。例如：

```
.foo[class] {}
#foo[id] {}
```

或者巧用 `:not()` 伪类，随便设置一个标签。例如：

```
.foo:not(abc) {}
#foo:not(xyz) {}
```

这适用于只需要适当提升选择器优先级的场景。

2. 对数值计算法的点评

上面提到的 CSS 选择器优先级数值计算法实际上是一个不严谨的方法，例如由于 1 和 10 之间的差距过小导致连续 10 个标签选择器的优先级和 1 个类选择器的优先级相当。然而事实并非如此，不同选择器优先级等级的差距是无法跨越的。但由于在实际开发中不会连续出现多达 10 个选择器，因此不会影响我们在实际开发过程中计算选择器优先级数值。

而且对于使用 CSS 选择器，书写习惯远比知识重要，就算理论知识再扎实，如果平时书写习惯糟糕，也无法避免 CSS 样式覆盖问题、样式冲突等问题的出现。我们将在第 3 章中深入探讨这个问题。因此，对于数值计算法，我的态度是学一遍即可，没有必要深究，只要你书写习惯足够好，就不会遇到各种优先级问题。

对于 CSS 选择器，优先级等级真的无法跨越吗？其实不然，下面介绍一些不为人知的冷知识。

2.4.3　256 个选择器的越级现象

有如下 HTML：

```
<span id="foo" class="f">颜色是？</span>
```

和如下 CSS：

```
#foo { color: #000; background: #eee; }
.f { color: #fff; background: #333; }
```

显然，文字的颜色是 `#000`，即黑色，因为 ID 选择器的优先级等级比类选择器的优先级等级高一级。但是，如果是下面的 CSS 呢？256 个 `.f` 类名合体：

```
#foo { padding: 10px 20px; color: #000; background: #eee; }
.f.f.f.f.f.f.f.f.f.f.f.f.f.f.f.f.f.f.f.f.f.f.f.f.f.f.f.f.f.f.f.f.f.f.f.f.f.f.f.f.f.f.f.f.f.f.f.f.f.f.f.f.f.f.f.f.f.f.f.f.f.f.f.f.f.f.f.f.f.f.f.f.f.f.f.f.f.f.f.f.f.f.f.f.f.f.f.f.f.f.f.f.f.f.f.f.f.f.f.f.f.f.f.f.f.f.f.f.f.f.f.f.f.f.f.f.f.f.f.f.f.f.f.f.f.f.f.f.f.f.f.f.f.f.f.f.f.f.f.f.f.f.f.f.f.f.f.f.f.f.f.f.f.f.f.f.f.f.f.f.f.f.f.f.f.f.f.f.f.f.f.f.f.f.f.f.f.f.f.f.f.f.f.f.f.f.f.f.f.f.f.f.f.f.f.f.f.f.f.f.f.f.f.f.f.f.f.f.f.f.f.f.f.f.f.f.f.f.f.f.f.f.f.f.f.f.f.f.f.f.f.f.f.f.f.f.f.f.f.f.f.f.f.f.f.f.f.f.f.f.f.f.f.f.f.f.f.f.f
```

```
.f.f.f.f.f.f.f.f.f.f.f.f.f.f.f.f.f.f.f.f.f.f.f.f.f.f.f.f.f.f.f.f.f.f.f.f.f.f.f.f.f.
.f.f.f.f.f.f.f.f.f.f.f.f.f.f.f.f.f.f.f.f.f.f.f.f.f.f.f.f.f.f.f.f.f.f.f.f.f.f.f.f.f
.f.f.f.f { color: #fff; background: #333; }
```

在 IE 浏览器下，神奇的事情发生了，文字的颜色表现为白色，背景色表现为深色，如图 2-14 所示。

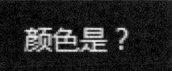

图 2-14　IE 浏览器中类名的优先级更高

在 IE 浏览器下，读者可以输入 https://demo.cssworld.cn/selector2/2/4-1.php 体验与学习。

同样，256 个标签选择器的优先级高于类选择器的优先级的现象也是存在的。

实际上，在过去，Chrome 浏览器、Firefox 浏览器下都出现过这种 256 个选择器的优先级高于上一个选择器优先级的现象。大约 2015 年之后，Chrome 浏览器和 Firefox 浏览器都修改了策略，使得即使有再多的选择器，其优先级等级也无法超过上一等级。因此，目前越级现象仅在 IE 浏览器中可见。

为什么会出现这种有趣的现象呢？早些年查看 Firefox 浏览器的源代码，发现所有的类名都是以 8 字节字符串存储的，8 字节所能容纳的最大值就是 255，因此，同时出现 256 个类名的时候势必会越过其最大值，溢出到 ID 区域。而现在由于采用了 16 字节的字符串存储，能容纳的类数量足够多，因此不会出现这种现象。

当然，这个冷知识并没有多大的实用价值，大致了解一下即可。

2.4.4　为什么按钮:hover 变色了

了解了 CSS 选择器的优先级之后，对于日常工作中遇到的一些问题你就知道是怎么回事了，举一个按钮:hover 变色的例子。

例如，我们编写一个蓝底白字的按钮的代码，使鼠标经过按钮时会改变背景色：

```
.cs-button {
    background-color: darkblue;
    color: white;
}
.cs-button:hover {
    background-color: blue;
}
<a href="javascript:" class="cs-button" role="button">按钮</a>
```

看代码没有任何问题，但是一刷新页面就出现问题了。鼠标经过按钮的时候，文字居然变成蓝色了，而不是预期的白色！

究竟是哪里出了问题呢？经过排查，这个问题居然是 CSS reset 导致的。

在实际开发中，我们一定会对全局的链接颜色进行设置，例如，按钮默认颜色为蓝色，鼠标经过的时候变成深蓝色：

```
a { color: blue; }
a:hover { color: darkblue; }
```

按钮变色就是这里的 a:hover 导致的。因为 a:hover 的优先级比 .cs-button 的优先级高（:hover 伪类的优先级和类选择器的优先级一样），所以鼠标经过按钮的时候按钮颜色表现为 a:hover 设置的深蓝色。

知道原因，问题就好解决了，常见做法是再设置一遍鼠标经过按钮时的颜色：

```
.cs-button:hover {
    color: white;
    background-color: blue;
}
```

或者对于按钮改用语义更明确的 button 标签，而不是 a 标签，或者使用 @layer 规则。

第 3 章
CSS 选择器的命名

CSS 选择器的命名问题是最常困扰开发人员的事情之一。究竟是面向 CSS 属性命名,还是面向 HTML 语义命名?是使用长命名,还是使用短命名?这些疑问在本章都能找到答案,并且我还会把一些多年摸索出来的最佳实践分享给读者。

在此之前,我们不妨先了解一些关于 CSS 选择器的基础特性。

3.1 CSS 选择器是否区分大小写

CSS 选择器有些区分大小写,有些不区分大小写,还有些可以设置为不区分大小写。

要搞清楚 CSS 选择器是否区分大小写的问题,还要从 HTML 说起。在 HTML 中,标签和属性都是不区分大小写的,而属性值是区分大小写的。于是,相对应地,在 CSS 中,标签选择器不区分大小写,属性选择器中的属性也不区分大小写,而类选择器和 ID 选择器本质上是属性值,因此要区分大小写。

下面我们通过一个例子来一探究竟。

HTML 代码如下:

```
<p class="content">颜色是? </p>
```

CSS 代码如下:

```
P { padding: 10px; background-color: black; }
[CLASS] { color: white; }
.CONTENT { text-decoration: line-through; }
```

HTML 字符全部为小写,3 种类型的 CSS 选择器均使用大写,结果如图 3-1 所示,黑底白字无贯穿线,这说明选择器 P 和选择器 [CLASS] 生效,而 .CONTENT 无效。

颜色是？

图 3-1　CONTENT 类名没有匹配，导致贯穿线没有生效

选择器对大小写的敏感情况见表 3-1。

表 3-1　选择器对大小写的敏感情况

选择器类型	示例	对大小写的敏感情况
标签选择器	`div {}`	不敏感
属性选择器-纯属性	`[attr]`	不敏感
属性选择器	`[attr=val]`	属性值敏感
类选择器	`.container {}`	敏感
ID 选择器	`#container {}`	敏感

然而，随着各大浏览器支持属性选择器中的属性值时也不区分大小写（在]前面加一个 i)，已经没有严格意义上的对大小写敏感的选择器了，因为类选择器和 ID 选择器本质上也是属性选择器。因此，如果希望 HTML 中的类名对大小写不敏感，可以这样：

```
[class~="val" i] {}
```

例如：

```
<p class="content">颜色是？</p>
```

CSS 代码如下：

```
P { padding: 10px; background-color: black; }
[CLASS] { color: white; }
[CLASS~=CONTENT i] { text-decoration: line-through; }
```

结果如图 3-2 所示，黑底白字有贯穿线，说明上面 3 个选择器均对大小写不敏感。

颜色是？

图 3-2　CONTENT 类名作为属性值可以匹配，使贯穿线生效

关于属性选择器大小写敏感的更多内容参见第 6 章。

3.2　CSS 选择器命名的合法性

本节主要讲解类选择器和 ID 选择器的命名合法性问题，旨在纠正大家长久以来的错误认识。最常见的错误认识就是类选择器和 ID 选择器不能以数字开头，如下：

```
.1-foo { border: 10px dashed; padding: 10px; }    /* 无效 */
```

对，上面这种写法确实无效，但这并不是因为不能以数字开头，而是不能直接写数字，需要将其转义，如下：

```
.\31 -foo { border: 10px dashed; padding: 10px; }
```

此时，下面的 HTML 就表现为白底黑字：

```
<span class="1-foo">颜色是？</span>
```

效果如图 3-3 所示，所有浏览器下均有虚线边框。

图 3-3　以数字开头的类选择器生效

读者可以手动输入 https://demo.cssworld.cn/selector2/3/2-1.php 或扫描下面的二维码体验与学习。

为什么转义表示为\31 且后面还有一个空格呢？

其实\31 外加空格是 CSS 中字符 1 的十六进制转义表示。其中 31 就是字符 1 的 Unicode 值，如下：

```
console.log('1'.charCodeAt().toString(16));    // 结果是 31
```

字符 0 的 Unicode 值是 30，字符 9 的 Unicode 值是 39，0~9 这 10 个数字对应的 Unicode 值正好是 30~39。

我们也可以用以下这种方法进行表示：

```
.\000031-foo { border: 10px dashed; padding: 10px; }
```

31 前面用 4 个 0 进行补全，这样\31 后面就不用加空格了。

类名或者 ID 甚至可以是纯数字，例如对于下面的代码，CSS 也能渲染：

```
<span class="1"><em>请问：</em>颜色是？</span>
.\31 { border: 10px dashed; padding: 10px; }
```

如果选择器中存在父子关系，则需要后加两个空格：

```
.\31  em { margin-right: 10px; }
```

然而，CSS 压缩工具会乱压空格，所以在实际开发时，如果想使用数字，建议使用非空格完整表示法：

.\000031 em { margin-right: 10px; }

规范与更多字符的合法性

顺着上面这个"不能以数字开头"的案例，我们讲解更多关于选择器命名合法性的内容。首先，关于命名，看看规范中是如何描述的，如图3-4所示。

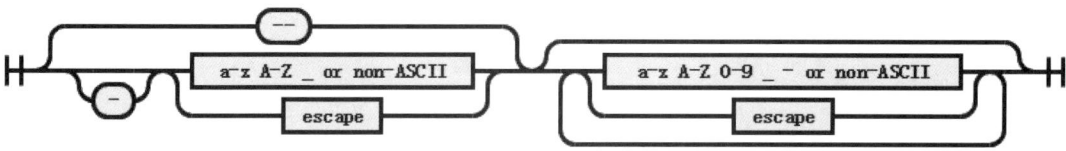

图3-4　规范中对选择器命名的描述

图3-4明显可分为左右两边，其中左边是选择器首字符，右边是选择器后面的字符。从图中可以清晰地看到，首字符支持的字符类型是a~z、A~Z、下划线（_）以及非ASCII字符（中文、全角字符等），后面的字符支持的字符类型是a~z、A~Z、0~9、下划线（_）、短横线（-）以及非ASCII字符，后面的字符支持的字符类型中多了数字和短横线。

很多人对选择器的合法性认识就停留在上面所述内容的层面，而忽略了图3-4下面的"escape"方块。实际上，对于其他没有出现的字符，只要对它们执行转义来重新编码就能使其成为所支持的字符类型。也就是说，选择器不仅可以以数字开头，也支持以其他字符开头。这些字符可以是下面的这些。

（1）不合法的ASCII字符，如!、"、#、$、%、&、'、(、)、*、+、,、-、.、/、:、;、<、=、>、?、@、[、\、]、^、`、{、|、}以及~。

严格来讲，上述字符也应该完全转义。例如，加号（+）的Unicode值是2b，因此选择器需要写成\2b加上空格，或者\00002b。

但是，对于上述字符，还有一种更优雅的表示方式，那就是直接使用斜杠转义。示意如下：

.\+foo { color: red; }

其他字符也可以这样：

.\-foo { color: red; }
.\|foo { color: red; }
.\,foo { color: red; }
.\'foo { color: red; }
.\:foo { color: red; }
.*foo { color: red; }
...

包括IE在内的浏览器都支持上面的斜杠转义写法，因此可以放心使用。唯一需要多提一句的就是冒号（:），在 IE7 浏览器下，直接使用\:是不被支持的，如果你的项目需要兼容这种浏览器，可以使用\3a 加上空格代替。

（2）中文字符。下面的 CSS 也是有效的：

.我是 foo { color: red; }

（3）中文标点符号，例如：

..。foo { color: red; }

（4）emoji 字符：

.☺ { color: red; }

由于 emoji 字符在手机设备或者 macOS 系统上自动显示为 emoji 表情，因此有人会在实验性质的项目中使用 emoji 字符作为类名，这样，展示源代码的时候，会有一个个表情出现，挺有意思的。

至于其他转义字符，没有在实际项目中使用它们的任何理由。但我个人觉得对于中文命名可以一试，毕竟它的可读性更好，命名也更轻松，不需要翻译。

关于选择器命名合法性的内容到此结束了吗？还没有。

不知道大家有没有注意到图 3-4 中还有两个小圆框，其中一个里面是一根短横线（-），另一个里面是两根连续的短横线（--），它们是什么意思呢？

意思是，命名时可以直接以短横线开头，如果是一根短横线（-），那么短横线后面必须有其他字符、字母、下划线或者其他编码字符；如果是两根连续的短横线（--），则它的后面即使不跟任何字符也是合法的。因此，下面两个 CSS 语句都是合法的，都可以渲染：

.-- { color: red; }   /* 有效 */
.-a-b- { color: red; }   /* 有效 */

对于一些需要特殊标记的元素，可以试试以短横线开头命名，它一定会令人印象深刻。

3.3　CSS 选择器的命名是一个哲学问题

如果你正在参与的是一个独自开发、页面简单且上线几天就"寿终正寝"的小项目，则你完全可以"放飞自我"，随意命名 CSS 选择器，例如中文、emoji 字符、各种高级选择器都可以用起来。但是，如果你正在开发多人协作情况下需要不断迭代、不断维护的项目，则一定要谨慎设计，考虑周全，以职业态度面对命名这件事情。

自然，开发人员也知道对于有些项目需要尽心尽力，他们会尽量发挥出自己的实力，项目上线后也自我感觉良好。但实际上那些自我感觉良好的开发人员编写的 CSS 代码往往质量堪忧，开发人员却压根没意识到有问题，最典型的问题就是 CSS 命名很糟糕，他们早已经埋下巨大的隐患却浑然不知。

这样的现象真的太普遍了。正因如此，我觉得有必要好好和大家探讨 CSS 选择器命名的问题，先把选择器的 CSS 代码质量提升上去。

3.3.1　长命名还是短命名

对于使用长命名还是短命名的问题，我的回答是使用短命名。例如对于一段介绍，类名可以这样：

```
.some-intro { line-height: 1.75; }
```

而没有必要这样：

```
.some-introduction { line-height: 1.75; }
```

后一种方式不仅增加了书写时间，也增加了 CSS 文件的大小。虽然这样做使语义更加明确了，也确实有一定价值，但价值有限。要知道，日后维护代码时，人们只会关心这个类名有没有在其他地方使用过？改变、删除这个类名会不会引起相关问题？至于语义，人们真的不关心。

CSS 选择器的语义和 HTML 的语义是不一样的，前者只是为了便于人们识别，它对机器而言没有任何区别，因此价值无法体现；但是 HTML 的语义的重要作用是让机器识别，如搜索引擎或者屏幕阅读器等，它是与用户体验与产品价值密切相关的。

因此，使用短命名足矣！一旦养成习惯或者约定俗成，完全不影响阅读，就好比 <p> 标签是 paragraph 的简写，其语义表示段落一样。

3.3.2　单命名还是组合命名

单命名的优点是字符少、书写快，缺点是容易出现命名冲突的问题；组合命名的优点是不容易出现命名冲突，但书写起来较烦琐。样式冲突的问题比书写速度慢严重得多，因此，理论上推荐使用组合命名，但在实际开发中，项目追求的往往是效益最大化，而不是完美的艺术品。因此，具体该如何取舍，不能一概而论，只能从经验层面进行总结。

（1）对于多人合作、长期维护的项目，千万不要出现下面这些以常见单词命名的单命名选择器，因为后期非常容易出现命名冲突的问题，即使你的项目不会引入第三方的 CSS 代码：

```
.title {}      /* 不建议 */
.text {}       /* 不建议 */
.box {}        /* 不建议 */
```

这几个命名是出现频率最高的，一定要使用添加前缀的组合将它们保护起来，这个前缀可以是模块名称或者场景名称，例如：

```
.dialog-title {}
.ajax-error-text {}
.upload-box {}
```

（2）如果你的项目会使用第三方的 UI 组件，就算是全站公用的 CSS 代码，也不要出现下面这样的单命名，因为下面的命名很可能会与第三方 CSS 代码发生冲突：

```
.header {}       /* 不建议 */
.main {}         /* 不建议 */
.aside {}        /* 不建议 */

.warning {}      /* 不建议 */
.success {}      /* 不建议 */

.red {}          /* 不建议 */
.green {}        /* 不建议 */
```

正确的做法是加一个统一的前缀，使用组合命名的方式。你可以随意命名这个前缀，因为这个前缀的作用是避免冲突，它并不需要任何语义，其可以是项目代号的英文缩写，也可以是产品名称的拼音首字母。但需要注意的是，前缀最好不要超过 4 个字母，因为字母多了没有任何意义，只会徒增 CSS 文件的大小。例如，"CSS 选择器"的英文是 CSS Selector，我就可以取 CSS 的首字母 C 和 Selector 的首字母 S 作为本书所有选择器的类名前缀，于是有：

```
.cs-header {}
.cs-main {}
.cs-aside {}
...
```

如果你认真观察所有的开源 UI 框架，会发现其 CSS 样式一定都有一致的前缀，因为这样做会避免发生冲突，我们自己开发项目的时候也要秉承这个理念。

（3）如果你的项目完全是自主开发的，以后维护此项目的人也不会利用别人的 CSS 代码，则与网站公用结构、颜色相关的 CSS 代码可以使用单命名，因为颜色这类样式是贯穿于整个项目的，具有高度的一致性，例如：

```
.dark { color: #4c5161; }
.red { color: #f4615c; }
.gray { color: #a2a9b6; }
```

但对于非公用内容，如标题（.title）、盒子（.box）等就不能使用单命名，因为标题会在很多地方出现，且样式各不相同，如大标题、小标题、弹框标题、模块标题等，容易产生命名冲突。

对于网站 UI 组件，各个业务模块一定要采用多名称的组合命名方式，且最好都有统一的命名前缀。

（4）如果你做的项目并不需要长期维护，也不需要多人合作，例如只是一些运营活动，请务必添加统一的项目前缀，因为本次活动的某些功能和效果日后会被复用，有了统一的前缀，日后只要复制代码就能直接使用，例如：

```
.cs-title {}
.cs-text {}
.cs-box {}
```

但有一类基于 CSS 属性构建的单命名反而更安全，它们比颜色这些类名还要安全，即使项目会引入外部 CSS：

```
.db { display: block; }
.tc { text-align: center; }
.ml20 { margin-left: 20px; }
.vt { vertical-align: top; }
```

这种方式的命名更安全的原因在哪里呢？

（1）这些选择器命名是面向 CSS 属性的，它们是超越具体项目的，只会被重复定义，但不会发生样式冲突。

（2）面向 CSS 属性的命名是机械的、反直觉的，而面向语义的命名符合人类直觉，也就是说，对于一个标题，将它命名为 title 的人很多，但抛弃语义而直接使用 tc 命名的人却寥寥无几。更直白一点，从网上随机找两个 CSS 文件，其中 title 命名冲突的概率要比 tc 高得多。

这确实有些奇怪，如此短的命名反而不会发生冲突，这是我这 10 多年来通过编写无数 CSS 所得出的结论。当然，我们最好还是尽可能降低发生冲突的概率：

```
.g-db { display: block; }
.g-tc { text-align: center; }
.g-ml20 { margin-left: 20px; }
.g-vt { vertical-align: top; }
```

或者连前缀也省略：

```
.-db { display: block; }
.-tc { text-align: center; }
.-ml20 { margin-left: 20px; }
.-vt { vertical-align: top; }
```

这样，一眼就能辨识出这个类名是基于 CSS 属性创建的。

总结一下，除了多人合作、长期维护、不会引入第三方 CSS 项目的全站公用样式可以使用单命名，其他场景都需要使用组合命名。

然而，即使严格遵照命名规则，也无法完全避免冲突，因为 CSS reset 的冲突是防不胜防的。例如，对于 body 标签选择器的设置，每个网站都不一样，很多第三方 CSS 项目甚至喜欢使用通配符：

```
*, *::before, *::after { box-sizing: border-box; }
```

后面两个伪元素前面的星号是多余的，这不重要，重要的是这段 CSS 语句会给其他网站布局带来毁灭性的影响，导致大量错位和尺寸变化，因为所有元素默认的盒模型都被改变了。希望大家在实际开发中不会遇到这样不靠谱的第三方 CSS 项目，也不要促成这样的第三方 CSS 项目。

3.3.3 面向属性的命名和面向语义的命名

面向属性的命名指选择器的命名取决于具体的 CSS 样式，与项目、页面、模块都没有关系。

例如，比较经典的清除浮动类名`.clearfix`：

```
.clearfix:after { content: ''; display: table; clear: both; }
```

以及其他很多命名：

```
.dn { display: none; }
.db { display: block; }
.df { display: flex; }
.dg { display: grid; }
.fl { float: left; }
.fr { float: right; }
.tl { text-align: left; }
.tr { text-align: right; }
.tc { text-align: center; }
.tj { text-align: justify; }
...
```

面向语义的命名则是根据应用元素所处的上下文来命名的。例如：

```
.header { background-color: #333; color: #fff; }
.logo { font-size: 0; color: transparent; }
...
```

上述两种命名方式各有优缺点。

面向属性的命名的优点在于 CSS 的复用率高、性能佳、即插即用、方便快捷、开发效率高，因为它省却了在 HTML 和 CSS 文件之间切换的大量时间；不足在于由于属性单一，其适用场景有限，另外因使用方便而易被过度使用，从而带来更高的维护成本。

面向语义的命名的优点是应用场景广泛，可以实现非常精准的布局效果，扩展方便；不足在于代码繁重，开发效率一般，因为所有 HTML 都需要命名，哪怕是一个 10 像素的间距。这就导致很多开发人员要么选择直接使用标签选择器，要么选择一个简单的类名，然后通过父子关系限定样式，结果带来了更糟糕的维护问题。

```
.cs-foo > div { margin-top: 10px; }
.cs-foo .bar { text-align: center; }
```

两种选择器命名的优缺点对比见表 3-2。

表 3-2 两种选择器命名的优缺点对比

	优点	缺点
面向属性的命名	复用率高、方便快捷	适用场景有限
面向语义的命名	灵活丰富、应用场景广泛	代码繁重、效率一般

面对这两种命名方式，究竟该如何取舍呢？我的观点是：如果是小项目，则直接采用面向语义的命名；如果是多人合作的大项目，则两种方式都可相应采用，因为项目规模越大，面向属性的命名的价值越能得到体现。这一点会在 3.4 节深入探讨。

3.3.4 我是如何命名的

为选择器命名是一个难题。命名不能太长（如果类名可以压缩则例外），要包含语义，还要应对许多开发场景，有时候确实很难兼顾。

这么多年的工作实践让我逐渐形成了一套自己的命名习惯，我使用翻译软件的场景也越来越少了，这里分享一下这些命名习惯，希望可以帮助大家。

1. 不要使用拼音

下面这样的命名应避免出现：

```
.cs-tou {}      /* 不建议 */
.cs-hezi {}     /* 不建议 */
```

使用拼音虽然省力，对功能也没有影响，但实际上是一个不恰当的行为，因为它会让人觉得命名人不够专业。命名人自己命名时省力了，但这样的命名对其他同事而言却苦不堪言，因为可读性太差，不符合通常的命名习惯，会导致其他同事一下子反应不过来，例如，`.cs-hezi` 远不如 `.cs-box` 一目了然；另外，同一个拼音往往可以对应多种不同文字，难以识别。

对于多人合作的项目，一定要注意克己，特立独行并不适用于这种场景中。

但万事无绝对，如果一些中文类的专属名词或产品没有对应的英文名称，那么可以使用拼音，如 `weibo`、`youku` 等。

2. 从 HTML 标签中寻找灵感

HTML 标签本身就是非常好的语义化的短命名，且其数量众多，我们大可直接借鉴。例如[1]：

```
.cs-module-header {}
.cs-module-body {}
.cs-module-aside {}
.cs-module-main {}
.cs-module-nav {}
.cs-module-section {}
.cs-module-content {}
.cs-module-summary {}
.cs-module-detail {}
.cs-module-option {}
.cs-module-img {}
.cs-module-footer {}
```

上面的从 `header` 到 `footer` 全部都是原生 HTML 标签，直接使用它们即可。这些命名可以不和 HTML 标签一一对应，例如：

```
<p class="cs-module-detail">详细内容…</p>
```

---

[1] 实际开发中不建议使用 `module` 作为二级前缀，请使用具体的模块名称。

虽然命名中的关键字用的是 `detail`，但我们可以不使用`<detail>`元素而使用`<p>`元素，甚至使用`<div>`元素。类选择器和标签选择器不同，其可以忽略标签，直达语义本身，更加灵活。因此，我们可以进一步放开思维，对于列表，就算不是用的`<li>`标签，我们也可以在命名的时候使用 `li`，例如一个下拉菜单。为了获得更简洁的 HTML 代码，同时兼顾键盘等设备的无障碍访问，可以采用下面的 HTML 结构：

```
<div class="cs-module-ul" role="listbox">
    <a href class="cs-module-li" role="option">菜单内容 1</a>
    <a href class="cs-module-li" role="option">菜单内容 2</a>
    <a href class="cs-module-li" role="option">菜单内容 3</a>
    <a href class="cs-module-li" role="option">菜单内容 4</a>
    <a href class="cs-module-li" role="option">菜单内容 5</a>
</div>
```

对于列表，想必很多人会使用 `list`；对于链接，很多人会使用 `link`。它们都是很好的命名，不过下次大家不妨直接尝试使用 `li` 和 `a`，说不定你会喜欢上这种更加精简的基于 HTML 语义的命名：

```
.cs-module-li {}     /* 列表 */
.cs-module-a {}      /* 链接 */
```

我还会从其他 XML 语言中寻找命名灵感，例如 SVG，对于"组"，我会直接使用 `g`，而不是 `group`，这是因为我借鉴了 SVG 中的`<g>`元素；对于"描述"，我会直接使用 `desc`，而不是 `description`，这也是因为我借鉴了 SVG 中的`<desc>`元素。

```
.cs-module-g {}         /* 组 */
.cs-module-desc {}      /* 描述 */
```

最后提供一点"私货"，供大家参考。对于一些大的容器盒子或者组件盒子，我现在已经不使用 box 这个词了，而直接用一个字母 x 代替，也就是：

```
.cs-module-x {}     /* module 容器盒子 */
```

这样做的原因有 3 点。

（1）通过多年的实践，我发现所有常用单词中带有字母 x 的只有 box，直接使用 x 代替 box 不会发生冲突，也容易记忆。

（2）box 是一个超高频出现的命名单词，使用一个字母 x 代替单词 box 可以节省代码量。例如，在某微博个人主页的 CSS 中搜索 box，结果匹配出多达 471 个，我们大致计算一下，每一个 box 字符替换成 x 字符可以节省 2 字节，那么单这个 CSS 文件就可以节省 942 字节，将近 1 KB，而一个 CSS 类名必然会在 HTML 代码中至少使用一次，也就意味着至少可以节省 2 KB。

（3）字母 x 的结构上下左右均对称，每次写完，心里面都会非常舒畅，你会对这个字母"上瘾"。

3. 从 HTML 特定属性值中寻找灵感

表单元素多使用 `type` 属性进行区分，于是对于这类控件会直接采用标准的 `type` 属性值进行命名。例如：

```
.cs-radio {}
.cs-checkbox {}
.cs-range {}
```

其他一些属性值也可以用在对应内容的呈现上。例如，下面这些都是非常好的命名：

```
.cs-tspan-email {}
.cs-tspan-number {}
.cs-tspan-color {}
.cs-tspan-tel {}
.cs-tspan-date {}
.cs-tspan-url {}
.cs-tspan-time {}
.cs-tspan-file {}
```

无障碍访问相关的 role 属性也有很多语义化的属性值可供我们使用。例如，下面这些都是非常好的命名，可以牢记在心：

```
.cs-grid {}
.cs-grid-cell {}
.cs-log {}
.cs-menu {}
.cs-menu-bar {}
.cs-menu-item {}
.cs-region {}
.cs-row {}
.cs-slider {}
.cs-tab {}
.cs-tab-list {}
.cs-tab-panel {}
.cs-tooltip {}
.cs-tree {}
```

4. 从 CSS 伪类和 HTML 布尔属性中寻找灵感

我们还可以借鉴 CSS 伪类以及部分 HTML 布尔属性的命名作为状态类名，例如：

- 激活状态的状态类名 .active 源自伪类 :active；
- 禁用状态的状态类名 .disabled 源自伪类 :disabled 或 HTML disabled 属性；
- 列表选中状态的状态类名 .selected 源自 HTML selected 属性；
- 选中状态的状态类名 .checked 源自伪类 :checked 或 HTML checked 属性；
- 出错状态的状态类名 .invalid 源自伪类 :invalid。

激活状态和选中状态本质上是类似的，其中，对于 .checked 和 .selected，我只会在模拟对应表单控件的场景下使用它们，其余情况下都使用 .active 代替，基本上，80%的状态类名都是 .active。

.disabled 用来表示案例或元素的禁用状态，比较常用。

.invalid 只会用在表单校验出错时使元素高亮显示，不算常用。

可以看到这里的状态类名都是单命名，如何使用它们是有讲究的，具体可以参见 3.4.4 节。

3.4 CSS 选择器设计的最佳实践

将 CSS 选择器的命名了解通透，可以让你的 CSS 开发效率以及代码质量提升一个量级。

3.4.1 不要使用 ID 选择器

没有任何理由在实际项目中使用 ID 选择器。

虽然 ID 选择器的性能很不错，可以和类选择器分庭抗礼，但是由于它存在下面两个巨大缺陷，这个本就不太重要的优点更加不值一提。

（1）优先级太高。ID 选择器的优先级实在是太高了，如果我们想重置某些样式，必然还需要 ID 选择器进行覆盖，再多的类名都没有用，这会使得整个项目的选择器的优先级变得非常混乱。如果非要使用元素的 ID 作为选择器标识，请使用属性选择器，如[id="csId"]。

（2）和 JavaScript 耦合。实际开发时，元素的 ID 主要用在 JavaScript 中，以方便 DOM 元素快速获取它。如果 ID 同时和样式关联，它的可维护性会大打折扣。一旦 ID 发生变化，必须同时修改 CSS 和 JavaScript，然而实际上开发人员通常只会修改一处，这就是很多后期 bug 产生的原因。

3.4.2 不要嵌套选择器

我见过太多类似下面的 CSS 选择器了：

```
.nav a {}
.box > div {}
.avatar img {}
```

还有这样的：

```
.box .pic .icon {}
.upbox .input .upbtn {}
```

在使嵌套更加方便的 Sass、Less 之类的预编译工具出现后，5 层、6 层嵌套的选择器也大量出现，这太糟糕了！它们都是特别差的代码，其性质比 JavaScript 中满屏的全局变量还要糟。

这种偷懒的写法除了能让你在编写 HTML 代码的时候省点儿力，别无益处，体现在：

- 渲染性能不佳；
- 优先级混乱；
- 样式布局脆弱。

1. 渲染性能不佳

有两方面会对渲染性能造成影响，一是标签选择器，二是层级过深的嵌套。

CSS 选择器的性能从高到低排序如下：
- ID 选择器，如 `#foo`；
- 类选择器，如 `.foo`；
- 标签选择器，如 `div`；
- 通配选择器，如 `*`；
- 属性选择器，如 `[href]`；
- 部分伪类，如 `:checked`。

其中，ID 选择器的性能最好，类选择器的性能与其处于同一个级别，二者差距很小，类选择器比标签选择器具有明显的性能优势。这么看似乎 `.box>div` 也是一个不错的用法，`.box` 性能很高，选中后再匹配标签为 `div` 的子元素，性能尚可。然而，很遗憾，CSS 选择器是从右往左进行匹配渲染的，对于 `.box>div`，先匹配页面所有的 `<div>` 元素，再匹配 `.box` 类名元素。如果页面内容丰富、HTML 结构比较复杂、`<div>` 元素多达上千个，同时这样低效的选择器很多，则会带来可明显感知的渲染性能问题。

层级过深的嵌套会对性能产生影响就更好理解了，因为每加深一层嵌套，浏览器在进行选择器匹配的时候就需要多一层计算。一两层嵌套对性能自然没什么影响，但是如果数千行 CSS 都采用了这种多层嵌套，那么量变会引起质变，此时，光 CSS 样式的解析时间就可以达到百毫秒级。

然而，在大多数场景下，讨论 CSS 选择器的性能问题是一个伪命题。首先，我们实际开发的大多数页面都比较简单，所以即使选择器用得再不合理，性能差异也不会太大；其次，就算页面很复杂，300 毫秒和 30 毫秒对于页面性能不会有较大差异，你付出千万分的努力所获得的优化效果说不定还远不如优化一张广告图的尺寸明显。

因此，渲染性能不佳确实是一个问题，但这只是相对而言的，并不算是严重的问题。大家可以把注意力放在下面两个关键缺陷上。

2. 优先级混乱

放置选择器优先级有一个原则，那就是尽可能保持较低的优先级，这样便于以较低的成本重置一些样式。

然而，一旦选择器开始嵌套，优先级规则就会变得复杂，当我们想要重置某些样式的时候，会发现一个类名不管用，两个类名也不管用，打开控制台一看，希望重置的样式居然有 6 个选择器层层嵌套。例如，我从某知名网站首页找的这段 CSS 语句：

```
.layer_send_video_v3 .video_upbox dd .dd_succ .pic_default img {}
```

此时，如果想要重置 `img` 的样式，只有这几种方法：一是使用同一等级优先级的选择器，但这个选择器的位置在需要重置的 CSS 代码的后面；二是使用更深层级的嵌套，例如使用 7 层嵌套的选择器，这是最常用的方法；三是要么使用备受诟病的 ID 选择器，要么使用具有"大杀伤性"的 `!important`。但这几种方法都是很糟糕的解决方法。

我相信，只要是稍微有点 CSS 开发经验的人，就一定遇到过这类优先级覆盖无效的问题。很多人习以为常，认为这类问题很难避免，但总有解决之道。实际上，只要你彻底放弃这种嵌套的写法，就可以完全避免这类问题。

3. 样式布局脆弱

仍以这段 CSS 语句为例：

```
.layer_send_video_v3 .video_upbox dd .dd_succ .pic_default img {}
```

这段 CSS 语句中出现了两个标签选择器——dd 和 img。在实际开发和维护的过程中，调整 HTML 标签是非常常见的，例如，将<dd>元素换成语义更明确的<section>。但是，如果使用的是 dd 和 img 选择器，HTML 标签是不能换的，因为如果标签换了，整个样式都会无效，从而必须在 CSS 文件中找到对应的标签选择器进行同步修改，所产生的维护成本巨大。

另外，过深的选择器层级已经完全限定了 HTML 结构，导致日后想通过 HTML 调整层级或者位置时非常困难，因为一旦变动就会发现样式失效了，样式布局非常脆弱，难以维护，带来巨大的人力成本和样式布局风险。

4. 正确的选择器用法

正确的选择器用法是全部使用无嵌套的纯类选择器。

例如，不要再使用下面的 HTML 和 CSS 代码了：

```
<nav class="nav">
    <a href>链接 1</a>
    <a href>链接 2</a>
    <a href>链接 3</a>
</nav>
.nav {}
.nav a {}
```

请换成：

```
<nav class="cs-nav">
    <a href class="cs-nav-a">链接 1</a>
    <a href class="cs-nav-a">链接 2</a>
    <a href class="cs-nav-a">链接 3</a>
</nav>
.cs-nav {}
.cs-nav-a {}
```

不要再使用下面的 HTML 和 CSS 代码了：

```
<div class="box">
    <figure class="pic">
        <img src="./example.png" alt="示例图片">
        <figcaption><i class="icon"></i>图片标题</figcaption>
    </figure>
```

```
</div>
.box {}
.box .pic {}
.box .pic .icon {}
```

请换成：

```
<div class="cs-box">
   <figure class="cs-box-pic">
      <img src="./example.png" alt="示例图片">
      <figcaption><i class="cs-box-pic-icon"></i>图片标题</figcaption>
   </figure>
</div>
.cs-box {}
.cs-box-pic {}
.cs-box-pic-icon {}
```

还有不要再出现下面这样的语句了：

```
.layer_send_video_v3 .video_upbox dd .dd_succ .pic_default img { display: block; }
```

请直接写成下面这样的语句：

```
.pic_default_img { display: block; }
```

基本布局使用没有嵌套、没有级联的类选择器就可以了。这样的选择器代码少、性能高、扩展性强、维护成本低，没有任何不使用的理由！

只有当我们需要更高的优先级重置某些样式或者没有操作 HTML 元素权限的时候（如动态富文本），才需要借助其他选择器、各类选择符以及五花八门的伪类来设置 CSS 样式。

然而，给每个 HTML 标签都命名很费神；每个 HTML 标签都要写 `class`，还要在 HTML 文件和 CSS 文件之间来回切换，十分耗费开发时间。加上项目时间紧，偷懒使用现成的 HTML 标签作为选择器也无可厚非。但实际上这些问题是有解决方法的，那就是面向属性的命名，它可以用于解决这"最后一千米"的效率问题。

3.4.3　不要歧视面向属性的命名

不少开发人员是不认可下面这种基于 CSS 属性本身的命名方式的，尤其是在 Web 标准刚兴起的那段时期。

```
.dn { display: none; }
.db { display: block; }
.dib { display: inline-block; }
...
.ml20 { margin-left: 20px; }
...
.vt { vertical-align: top; }
.vm { vertical-align: middle; }
```

```css
.vb { vertical-align: vb;}
...
.text-ell { text-overflow: ellipsis; white-space: nowrap; overflow: hidden; }
.abs-clip { position: absolute; clip: rect(0 0 0 0); }
...
```

为什么呢？因为这类命名本质上和在 HTML 元素上写 style 属性没有什么区别，例如：

```html
<span class="dib ml20">文字</span>
```

的性质和

```html
<span style="display:inline-block; margin-left: 20px;">文字</span>
```

是一样的。只是前者在书写上更为简洁，优先级更低。

然后，有意思的事情发生了，当我们需要调整样式的时候，改动的是 HTML 代码，而非 CSS 代码，这不相当于 HTML 和 CSS 耦合在一起了吗？于是很多人接受不了，尤其在推崇内容和样式分离的年代。我们做技术，一定要保持理性，要有自己的思考，千万不要被迷惑，最合适的才是最好的。技术的发展也有流行趋势，例如随着 React 等框架的兴起，"CSS in JavaScript" 的概念出现了，CSS 居然和 JavaScript 也耦合了，这要是出现在 10 年前，简直不可思议！

所以面向属性的命名用法本身没有任何问题，关键是怎么用，以及在什么地方用。

我习惯将一个网站的页面归纳为下面几部分：公用结构、公用模块、UI 组件、精致布局和一些细枝末节。公用结构、公用模块、UI 组件、精致布局都不适合使用面向属性的类名，其中前 3 项属于页面公用内容，如果使用了面向属性的类名，日后维护起来会很不方便，因为这些内容散布在项目的各个位置，一旦需要修改，就需要找到散布的所有 HTML 代码，显然维护成本很高。精致布局也不适合使用面向属性的类名，因为面向属性的类名属性单一，无法完全驾驭精致的样式布局，还需要额外的语义化的类名，既然需要额外的类名，也就没有必要使用面向属性的类名。

而一些细枝末节和特殊场景下的微调则非常适合这种面向属性的命名。这种命名能规避缺点，发挥优点。例如还是这段 CSS 语句：

```css
.layer_send_video_v3 .video_upbox dd .dd_succ .pic_default img { display: block; }
```

在某个很隐蔽的位置里有一张图片，我们希望这张图片的 display 表现为 block，这样图片底部就不会有空白间隙。这是一个完全不会在其他地方复用的 CSS，就算你专门给它命名一个语义化的 CSS，类似这样：

```css
.pic_default_img { display: block; }
```

也没有任何价值。类名的意义就在于重复利用，如果它只是一次性的产物，真不如直接写 style 内联样式，因为至少 DOM 元素的父子关系不会被 CSS 后代选择器限定。CSS 开发人员似乎也意识到了这个问题，为了一个完全不会在其他地方使用的样式，绞尽脑汁想一个不会产生冲突的名称是没有必要的，于是直接使用了标签选择器，这样可以少一次命名和一次在 HTML 文件和 CSS 文件之间的切换。

```css
.dd_succ .pic_default img { display: block; }
```

但是这种做法降低了代码质量,增加了维护成本。实际上,这个问题有非常好的解决之道,那就是面向属性的类名。

我们无须专门为一个完全不会重复使用的样式命名,也不需要在 HTML 文件和 CSS 文件之间来回切换,也不会有性能、优先级以及维护成本等方面的问题,而只需要在书写<img>元素的时候顺便加上一个名为 db 的类名就可以了。

```
<figure class="pic_default">
    <img src="1.png" class="db">
</figure>
```

日后就算要变更父元素类名,将<img>元素换成其他元素,也不用担心样式问题。

```
<figure class="cs-pic-default">
    <svg class="db"></svg>
</figure>
```

实际开发中,面向属性的类名的应用场景很多,例如设置两个按钮之间的间距、某段文字的字号、文字超出宽度后以...显示以及一些特殊场景下的微调,甚至包括给公用的 UI 组件或模块快速打补丁。举一个大家都可能遇到过的例子,我们在编写按钮组件的时候喜欢设置 vertical-align:middle,这样它和文字并排显示的时候会垂直居中:

```
.cs-button {
    display: inline-block;
    vertical-align: middle;
    ...
}
```

这种用法一直用得好好的,突然在某个页面中这个按钮要和<textarea>元素同行显示,由于<textarea>元素的高度比按钮高很多,因此设置顶对齐效果才美观。按钮设置中的 vertical-align:middle 显然不合适,需要将它修改成 vertical-align:top,如何实现呢?

这时多半会借助祖先类名重置,类似于:

```
.cs-xxxx .cs-button {
    vertical-align: top;
}
```

其实有更轻、更快、更好、更省的做法,只需要在写 HTML 时候顺便加一下 vt 就可以了:

```
<button class="cs-button vt">按钮</button>
```

这个例子也体现了不要嵌套选择器的好处——非常便于样式重置与维护。由于类名没有嵌套,因此同样没有嵌套的 vt 能够正确重置 .cs-button 中设置的 vertical-align:middle 声明,从而实现我们需要的效果。

3.4.4 正确使用状态类名

页面交互总是伴随着各种状态变化,包括禁用状态、选中状态、激活状态等。大多数前端人员在实现这些交互效果的时候不会遵循什么规范或者准则。例如，一个常见的点击"更多"从而展开显示全部文字内容的交互：

```
<div id="content" class="cs-content">
    文字内容...
    <a href="javascript:" id="more" class="cs-content-more">更多</a>
</div>
.cs-content {
    height: 60px;
    line-height: 20px;
    overflow: hidden;
}
```

默认只显示 3 行文字，点击"更多"才会显示全部的文字内容。根据我的观察，通常使用下面这两种方法来实现。

（1）用 JavaScript 一步搞定：

```
more.onclick = function () {
    content.style.height = 'auto';
};
```

（2）用 CSS 类名控制：

```
.height-auto {
    height: auto;
}
```

此时 JavaScript 代码为：

```
more.onclick = function () {
    content.className += ' height-auto';
};
```

其实从产品层面讲，上面两种方式都是不错的实现，但是从代码层面讲，它们均有不足之处。

（1）JavaScript 直接控制样式的不足。由于我们的网页样式是由 CSS 控制的，一旦 JavaScript 也参与样式控制，CSS 和 JavaScript 就存在交叉关系，这样会增加潜在的维护成本。需求变化时需要同时修改 CSS 和 JavaScript，考虑到很多公司中编写 CSS 的和编写 JavaScript 的不是同一批人员，这就导致样式变化时需要动用两批人力参与维护，从而增加了人力成本和开发周期。

（2）命名语义过于随意的问题。类名样式保持语义本无可厚非，但是对使用 JavaScript 实现的交互效果而言，语义化反而是问题所在。例如，我们一看 .height-auto 就知道其背后的样式与高度 auto 有关，但是由于类名的添加是在 JavaScript 中完成的，因此本质上下面这两种实现没有任何区别：

```
more.onclick = function () {
    content.style.height = 'auto';
};
```

```
more.onclick = function () {
    content.className += ' height-auto';
};
```

假设现在设计师突然希望这里的展开不要过于生硬，要有动画效果，虽然从技术的角度来讲，我们只需要修改 CSS 代码，但是对于这个 .height-auto 命名就有些一言难尽了。设想一下，如果我们把里面的样式改成了 CSS3 动画的相关内容，是不是内容和命名就不匹配了？是不是要在 JavaScript 中把这个类名改成 .height-animate 之类的？看，最后还是改了两处代码。

另外，还有一个不易察觉的问题：一个页面往往会有很多的交互效果，如果每个交互效果都有一个对应的类名来进行控制，岂不是 JavaScript 文件中有很多控制样式的类名，这会导致代码的可维护性变差。

因此，最佳实践方法是使用 .active、.checked 等状态类名进行交互控制。

```
more.onclick = function () {
    content.className += ' active';
};
```

而且项目中的所有页面交互都应该使用这种状态类名进行交互控制，没错，是所有！

但这样做难道不会造成样式冲突吗？不会，只要大家遵循下面这条准则：**.active 状态类名自身绝对不能有 CSS 样式！**

再重复一遍，.active 类名自身无样式，它只是一个状态标识符，用来与其他类名发生关系，使其他类名的样式发生变化，这种关系可以是父子、兄弟或者自身。再来看点击"更多"展开全部文字这个例子：

```
.cs-content {
    height: 60px;
    line-height: 20px;
    overflow: hidden;
}
.cs-content.active {
    height: auto;
}
.active > .cs-content-more {
    display: none;
}
```

JavaScript 代码如下：

```
more.onclick = function () {
    content.className += ' active';
};
```

可以看到，高度变化是由 .cs-content.active 级联类名触发的，"更多"按钮隐藏是由 .active>.cs-content-more 父子关系触发的。.active 类名自身没有任何样式，它只是一个状态标识符。虽然 .active 类名出现在了 JavaScript 中，但是由于其自身无样式，因此实现了真正意义上的样式和行为分离。

如果设计师突然希望展开的过程以动画形式呈现，直接修改 CSS 代码即可，JavaScript 代码不需要进行任何改动，因为 JavaScript 中不包含任何样式：

```
.cs-content {
  max-height: 60px;
  line-height: 20px;
  transition: max-height .5s;
  overflow: hidden;
}
.cs-content.active {
  max-height: 200px;
}
.active > .cs-content-more {
  display: none;
}
```

显然，基于状态类名实现交互控制可以有效降低日后的维护成本，除此之外，还有其他很多优点。

（1）不再为命名烦恼。开发人员不用再花精力和时间选取合适的命名，因此提高了开发效率。

（2）可读性更强了。CSS 代码和 JavaScript 代码的可读性更强了，一旦在 CSS 或 JavaScript 中看到 .active，大家就知道页面的这块内容包含交互效果。

（3）JavaScript 代码量更少了。例如，我们在全局或者顶层局部定义了这样一个变量：

```
var ACTIVE = 'active';
```

由于所有的交互都只用这一个类名，因此 JavaScript 代码的压缩率更高，也更好维护。

（4）类名压缩成为可能。我从未在国内见到 HTML 类名是有压缩的，实现类名压缩最大的阻碍就是我们在实现交互效果的时候把带有 CSS 样式的类名混在了 JavaScript 文件中，并且命名随意，还会把类名字符串进行分隔处理，尤其是一些网上的 UI 组件，类似于：

```
var classNameRoot = 'swipe-slide-';
```

然后，通过这个类名字符串前缀拼接其他类名，这种情况下如何准确压缩呢？

但是，如果大家正确使用状态类名，我们就可以通过简单配置不参与压缩的类名来实现类名压缩效果。例如，在 config.js 中这样实现：

```
{
  "compressClassName": true,
  "ignoreClassName": ["active", "disabled", "checked", "selected", "open"]
}
```

具体实现非本书重点，这里不展开讲述。需要注意的是，类名压缩需要被 CSS 规范约束，同时开发人员需要有良好的 CSS 编程习惯，这会使多人合作的项目不易实现，因为无法保证一致性。

建议状态类名的命名也尽可能和原生控件的标准 HTML 属性一致，这样代码更易读。例如对于自定义单复选框的选中状态，建议使用 .checked；对于自定义下拉列表的选中状态，建议使用`.selected`；对于自定义弹框，建议使用`.open`。其余全部可以采用`.active`。当然，这只是我的个人习惯，有人使用`.on`作为状态类名也是可以的。

再补充一点，如果是 Web Components 组件的状态变化，我建议使用状态属性，而不是状态类名。例如：

```
<some-element open>内容显示中...</some-element>
```

3.4.5 工具带来的变化

随着各类前端开发框架的成熟，上面所说的命名冲突问题已经不再困扰开发人员，因为在具体的模块或组件中，框架自带的工具会给内部样式对应的选择器添加唯一且统一的标识符。

例如，在某个组件中的样式设置是这样的：

```
<style scoped>
.example {
  color: red;
}
</style>
```

经过工具的编译转换之后可能会是这样的：

```
<style>
.example[data-v-f3f3eg9] {
  color: red;
}
</style>
```

以上代码通过自动生成一个唯一的 HTML 属性 `data-v-f3f3eg9` 来确保选择器的唯一性。由于完全不用担心外部的样式会和当前的样式冲突，因此命名随意一点也没有关系。

不同的框架确保唯一性的方式不同，有些工具是通过添加一个统一的祖先类名实现的。无论使用哪种方式来确保选择器的唯一性，其都是通过牺牲性能和代码量获得的。

选择器的唯一性对经验不太丰富的开发人员而言是非常有用的，因为开发省力了，也不容易出问题。但这并不意味着上述 CSS 选择器命名的知识没有用，因为 Web 开发是一个整体，在局部模块或某个组件中经常会遇到需要使用全局 CSS 声明的场景，此时，就需要开发人员更加谨慎了。

3.4.6 最佳实践汇总

最后，有必要对 CSS 选择器设计的最佳实践进行补充和总结。

1. 命名书写

（1）建议命名使用小写，采用英文单词或缩写。对于专有名词，可以使用拼音，例如：

```
.cs-logo-youku {}
```

不建议使用驼峰式命名。建议将驼峰式命名专门用于 JavaScript DOM，以便和 CSS 样式类名区分开。

```
.csLogoYouku {}      /* 不建议 */
```

（2）对于组合命名，可以用短横线或下划线连接，可以组合使用短横线和下划线，也可以使用连续的短横线或下划线连接，只要在项目中保持一致就可以：

```
.cs-logo-youku {}
.cs_logo_youku {}
.cs-logo--youku {}
.cs-logo__youku {}
```

组合个数没有必要超过 5 个，5 个是上限。

（3）设置统一前缀，强化品牌同时避免样式冲突：

```
.cs-header {}
.cs-logo {}
.cs-logo-a {}
```

这样，CSS 代码的美观度也会提升很多。

2. 选择器类型

根据选择器的使用类型，我将网站 CSS 样式分为 3 个部分，分别是 CSS 重置样式、CSS 基础样式和 CSS 交互变化样式。

无论哪种样式，都没有任何理由使用 ID 选择器，如果实在要用，可以使用属性选择器代替，它的优先级和类选择器一样。

```
[id="someId"] {}
```

CSS 样式的重置可以使用标签选择器或者属性选择器等：

```
body, p { margin: 0; }

[type="radio"],
[type="checkbox"] {
   position: absolute; clip: rect(0 0 0 0);
}
```

所有 CSS 基础样式全部使用类选择器，没有层级，没有标签。

```
.cs-module .img {}      /* 不建议 */
.cs-module-ul > li {}    /* 不建议 */
```

不要偷懒，在 HTML 的标签上都写上不会产生冲突的类名：

```
.cs-module-img {}
.cs-module-li {}
```

所有 HTML 都需要重新命名的问题可以通过面向属性命名的 CSS 样式库得到解决。

所有选择器嵌套或者级联以及所有伪类都在 CSS 交互样式发生变化的时候使用。例如：

```
.cs-content.active {
    height: auto;
}
.active > .cs-content-more {
    display: none;
}
```

又如：

```
.cs-button:active {
    filter: hue-rotate(5deg);
}
.cs-input:focus {
    border-color: var(--blue);
}
```

状态类名本身不包含任何 CSS 样式，它只是一个标识符。

如果我们无法修改 HTML，例如无法通过修改 class 属性添加新的类名，则级联、嵌套以及各种高级伪类的使用都不受上面规则的限制。

再和目前的很多实现对比一下，最佳实践的不同之处就在于：

- 无标签，无层级；
- 状态类名标识符；
- 面向属性命名的 CSS 样式库。

3. CSS 选择器分布

一图胜千言，我们先来看一下图 3-5。

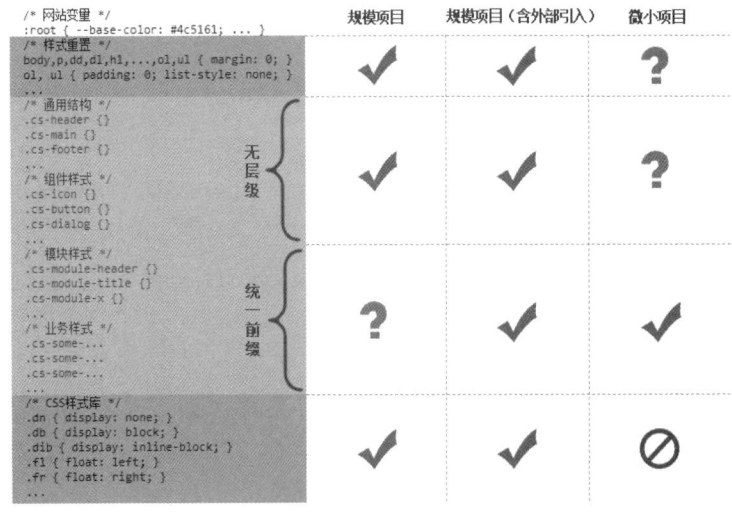

图 3-5　CSS 选择器设计最佳实践示意

图 3-5 中的对号表示需要使用与遵循的,问号表示可以使用也可以不使用的,禁止符号表示不建议使用的。大家可以根据自己项目的实际情况制定更优的选择器设计策略。

4. 完美与权衡

对完美代码的追求无可厚非,但如果一味追求完美无瑕的代码,可能会带来额外成本的增加。作为一个成熟的职业开发人员,要学会适当放弃代码层面的自我满足,站在权衡利弊的角度做出最佳的实践。

这句话的用意是,虽然理论上上面总结的最佳实践是完美的,但并不意味着要求大家刻板遵循,而是可以根据自己的经验掌握好度。例如,我希望某列表的第一个元素的 `margin-top` 为 0,理论上最好的方法是在 HTML 代码输出的时候判断这个元素是否是列表的第一个元素,然后加一个专门的类名。例如:

```html
<ul class="cs-module-ul">
    <li class="cs-module-li cs-module-li-first">列表 1</li>
    <li class="cs-module-li">列表 2</li>
    <li class="cs-module-li">列表 3</li>
</ul>
```

CSS 代码如下:

```css
.cs-module-li { margin-top: 20px; }
.cs-module-li-first { margin-top: 0; }
```

但是,实际开发时判断一个列表位置是需要额外的逻辑的,这个逻辑往往由负责页面内容输出的开发人员来实现,如果我们将对样式的需求交给开发人员,则不仅给他们增加了负担,也给日后的维护带来了更多的风险,所以,在这种场景下,更好的实现其实是伪类:

```html
<ul class="cs-module-ul">
    <li class="cs-module-li">列表 1</li>
    <li class="cs-module-li">列表 2</li>
    <li class="cs-module-li">列表 3</li>
</ul>
.cs-module-li { margin-top: 20px; }
.cs-module-li:first-child { margin-top: 0; }
```

如果无须兼容 IE8,还可以像下面这样实现:

```css
.cs-module-li:not(:first-child) {
    margin-top: 20px;
}
```

虽然 CSS 代码层面的性能有所降低,优先级也被提升了,但这些影响不太可能会带来可感知的问题,相比交由其他人来实现相关需求所产生的成本更低。

重要的是要学会权衡。

第 4 章

入门必学的选择器

CSS 这门语言的入门门槛非常低，了解一些常用的 CSS 属性，再学会几个选择器，就能完成所有常规的网页布局。

本章介绍几个入门必学的 CSS 选择器，它们分别是标签选择器、类选择器和 ID 选择器。

4.1 标签选择器

任何 HTML 元素都有一个属于自己的标签，我们可以通过匹配这些标签类型来选择对应的 HTML 元素，而对应的选择器就是标签选择器，也称为类型选择器。

标签选择器简单易用，成熟稳健，是最古老的 CSS 选择器之一，例如，下面的 CSS 代码可以匹配页面中的所有 `<img>` 元素。

```
img { object-fit: contain; }
```

由于标签选择器的优先级比较低，非常适合用来重置 CSS 的默认样式，例如：

```
body, p, ul, ol { margin: 0; }
```

下面介绍标签选择器的几个特性。

4.1.1 标签选择器二三事

下面这些知识都属于必须了解的常识性知识。

1. 不区分大小写

由于 HTML 标签不区分大小写，显然，标签选择器也是不区分大小写的，例如下面代码中的 CSS 选择器同样可以匹配页面中的所有 `<img>` 元素：

```
IMG { object-fit: contain; }
```

2. 任意元素匹配

只要出现在页面中的 HTML 元素就能匹配。无论是自定义元素、未知元素、SVG 元素，还是特殊的标签元素，均是如此。

例如，我们在页面中定义两个不存在的标签元素，例如：

```
<abc>1. 颜色是？</abc>
<cs-abc>2. 颜色是？</cs-abc>
abc { color: deepskyblue; }
cs-abc { color: deeppink; }
```

此时两句话的颜色分别是深天蓝色和深粉色，如图 4-1 所示。

1. 颜色是？

2. 颜色是？

图 4-1　标签选择器与文字颜色

这个示例配有演示页面，读者可以手动输入 https://demo.cssworld.cn/selector2/4/1-1.php 或扫描下面的二维码体验与学习。

只要 SVG 元素在文档上下文中，标签选择器就能匹配其中的任意元素，例如改变 SVG 中 `<circle>` 元素的填充色。

```
<svg>
    <circle cx="150" cy="75" r="60"></circle>
</svg>
circle {
    fill: deepskyblue;
}
```

此时圆形的填充色就是深天蓝色，如图 4-2 所示。

图 4-2　标签选择器设置 `<circle>` 元素的填充色

读者可以手动输入 https://demo.cssworld.cn/selector2/4/1-2.php 或扫描下面的二维码体验与学习。

还有一些大家认为与布局内容无关的标签元素也是可以匹配的，例如`<head>`、`<meta>`、`<title>`、`<script>`、`<style>`元素等。

例如，下面的 CSS 代码就可以让标题内容直接在页面中显示。

```
head, title {
  display: block;
}
```

又如，下面的 CSS 代码可以使页面内联样式可编辑，页面渲染效果所见即所得。

```
style {
  display: block;
-webkit-user-modify: read-write-plaintext-only;
}
```

此时，修改任意样式代码都会使页面的渲染效果产生变化，例如，修改代码中文字的填充色为红色，则整个`<style>`元素的文字都变成红色了，如图 4-3 所示。

```
style {
    display: block;
    width: fit-content;
    padding: 10px;
    margin: 1em auto;
    font-family: Menlo, Monaco, Consolas, monospace;
    -webkit-user-modify: read-write-plaintext-only;
    -webkit-text-fill-color: red;
    text-align: left;
}
```

图 4-3　将 `darkblue` 修改为 `red` 所带来的变化

读者可以手动输入 https://demo.cssworld.cn/selector2/4/1-3.php 或扫描下面的二维码体验与学习。

4.1.2 特殊的标签选择器：通配选择器

通配选择器是一个特殊的标签选择器，它可以指代所有类型的标签元素，包括自定义元素以及`<script>`、`<style>`、`<title>`等元素，但是不包括伪元素。

它的用法是使用字符星号（*），即 U+002A，例如：

`* { box-sizing: border-box; }`

但上述用法不足以覆盖所有元素，因为有些元素是无特性的，如`::before`和`::after`构成的伪元素，因此，很多人重置所有元素盒模型的时候会这样设置：

`*, *::before, *::after { box-sizing: border-box; }`

他们没意识到后面两个星号是可以省略的，所以可以直接用：

`*, ::before, ::after { box-sizing: border-box; }`

当通配选择器和其他选择器级联使用的时候，星号是可以省略的。例如，下面这些选择器：
- `*[hreflang|=en]`等同于`[hreflang|=en]`；
- `*.warning`等同于`.warning`；
- `*#myid`等同于`#myid`。

只有当单独使用通配选择器的时候，我们才需要把星号呈现出来，例如，若要选择所有`<body>`元素的子元素，可以：

`body > * {}`

由于通配选择器匹配所有元素，因此它属于比较消耗性能的一种 CSS 选择器，同时由于其影响甚广，容易出现一些意料之外的样式问题，因此请谨慎使用。

4.2 类选择器

类选择器是所有 CSS 选择器类型中使用频率最高的。

4.2.1 类选择器脱颖而出的原因

类选择器之所以成为个中翘楚，包括以下几个原因。
（1）高性能；
（2）全局 HTML 属性衍生而出；
（3）支持多值；
（4）可重复使用的语义；
（5）合适的选择器优先级。

具体说明如下。

1. 高性能

类选择器是浏览器解析性能最高的 CSS 选择器之一，和 ID 选择器的性能不分伯仲，无惧大规模使用。

2. 全局属性

类选择器源自 HTML 元素上的 class 属性，例如，已知有 HTML 元素如下：

```
<p class="example">颜色是？</p>
```

此时，我们就可以把 class 属性值作为类选择器使用，从而匹配这段<p>元素，例如下面的 CSS 代码就可以使<p>元素内的文字颜色变红。

```
.example { color: red; }
```

而 class 属性是一个全局属性，所谓全局属性就是所有 HTML 元素都支持的属性，这就使得类选择器理论上可以匹配任意 HTML 元素，具有超强的适用性。例如下面这段自定义的 HTML 元素也会变成红色。

```
<css-selector class="example">颜色是？</css-selector>
```

3. 支持多值

在所有的 HTML 属性中，支持多值的属性其实很少，其中一个是 rel 属性，另一个是 class 属性。支持多值使类选择器的使用非常灵活，例如下面这个例子。

```
<p class="large red">颜色是？</p>
.red { color: red; }
.large { font-size: 125%; }
```

我们可以通过多个不同的类名去匹配同一个元素，这就是 Atomic CSS 的基本实现原理。

4. 可重复

在编程语言中，"类"这个字的含义都是近似的，表示一个抽象的集合，其可以有很多个，可以重复，也可以继承。

而这种可重复性使类选择器的使用效率进一步提高，语义也更明确。例如，只要使用类选择器定义了一段 CSS 语句，如果其他位置的某个元素正好需要使用同样的 CSS 语句，这个类选择器就可以重复使用，无须再专门定义。

例如，下面代码中虽然头部元素和页面中某处的 div 元素的内容信息截然不同，但由于采用类似的布局结构，因此 .flex 这个类选择器对应的 CSS 就可以被重复利用，属性值 flex 同时出现在了两个元素上：

```
.flex { display: flex; align-items: center; }
<header class="flex">头部内容</header>
<div class="flex book-info">书籍信息</div>
```

相比之下，ID 选择器就不能这么处理，因为 ID 的语义就是唯一的，如果同一页面中的两个 HTML 元素的 ID 值相等，就是不合理的。类选择器可以重复，这使得类选择器的适用性进一步增强。

5. 合适的优先级

类选择器的优先级比较合适，采用了和大多数 CSS 选择器同样的优先级，非常便于控制和管理。如果类选择器的优先级和 ID 选择器同样高，则其他 CSS 选择器（如伪类、伪元素以及属性选择器等）开发起来就会产生很高的重置成本，开发体验不佳。

由于上述这一系列的优点，类选择器成为毋庸置疑的最常用 CSS 选择器，使用率超过 80%。

4.2.2 类选择器的其他小知识

类选择器还有其他一些大家应该知道的小知识。

（1）区分大小写。类选择器本质上匹配的是属性值，而属性值是区分大小写的，所以类选择器也区分大小写。

如果遇到需要忽略类名大小写的场景，则可以使用属性选择器进行处理，例如：

```
[class~="myname" i] { display: block; }
```

此时，下面两段 HTML 内容都是可以匹配的。

```
<p class="myName active">zhangxinxu</p>
<p class="myname">zhangxinxu</p>
```

关于属性选择器不区分大小写，详见 6.4 节。

（2）任意级联。类选择器可以任意级联书写，也就是选择器前后连在一起，没有任何其他字符，例如已知 HTML 内容：

```
<p class="myName active">zhangxinxu</p>
```

则下面的 CSS 代码同样可以匹配这段元素：

```
.active.myName.active.active {}
```

这种书写技巧可以用来提升选择器的优先级。不过，选择器级联是一种性能相对不高的用法，不建议在项目中大规模使用级联过长的选择器。

（3）空格只能分隔，无法匹配。多个类名间的空格无论有多少，位置在哪里，都无法通过类选择器匹配。并且即使空格通过 HTML 转义写法书写，类选择器也不会匹配。例如：

```
<p class="myName&#x20;active">zhangxinxu</p>
```

依然可以使用下面的类选择器进行匹配:

```
.myName.active { color: red; }
```

如果希望知道 class 属性值中是否有冗余的空格,则只能使用属性选择器进行匹配来识别。

4.3 ID 选择器

要想快速了解 ID 选择器,最好的方法就是和类选择器进行对比。

二者相同的部分在于,ID 选择器和类选择器本质上都属于属性选择器,且都是 HTML 全局属性,整个 CSS 中只有这两个基于原生属性演化而来的选择器。

诸如 rel、name、type 等常用 HTML 属性以及 is、title、tabindex 等全局属性都没有专门对应的 CSS 选择器,只能使用宽泛的属性值直接匹配选择器进行匹配。

下面介绍二者不同的部分。

1. 语法不同

ID 选择器前面的字符是井号(#)(U+0023),而类选择器前面的字符是点号(.)(U+002E):

```
/* ID 选择器 */
#foo {}
/* 类选择器 */
.foo {}
```

2. 优先级不同

ID 选择器的优先级比类选择器的优先级高一个等级。由于实际开发中往往以类选择器为主,因此,不到万不得已的时候不要使用 ID 选择器,以免带来较高的维护成本。

3. 唯一性与可重复性

ID 具有唯一性,而类天生就可以重复使用。于是,经常可以看到类选择器有如下用法:

```
<button class="cs-button cs-button-primary">主按钮</button>
.cs-button {}
.cs-button-primary {}
```

但是 ID 选择器不能这么用:

```
<button id="cs-button cs-button-primary">主按钮</button>
#cs-button {}              /* 无效 */
#cs-button-primary {}      /* 无效 */
```

ID 选择器必须是完整的 id 属性值,下面这样用是可以的:

```
#cs-button\20 cs-button-primary {}
```

或者像下面这样转义（后面的空格可以去除）：

```
#cs-button\0020cs-button-primary {}
```

或者使用属性值匹配选择器：

```
[id~="cs-button"] {}
[id~="cs-button-primary"] {}
```

不同元素的类名是可以重复的，且类选择器可以控制所有元素，例如：

```
<button class="cs-button">按钮 1</button>
<button class="cs-button">按钮 2</button>
```

此时，.cs-button 选择器设置的样式可以同时控制"按钮 1"和"按钮 2"：

```
.cs-button {}
```

无论是使用 JavaScript 的选择器 API 获取元素，还是使用 CSS 的 ID 选择器设置样式，对于 ID，其在语义上是不能重复的，但实际开发的时候，语义重复也是允许的，这并不影响功能。

```
<button id="cs-button">按钮 1</button>
<button id="cs-button">按钮 2</button>
// 长度结果是 2
document.querySelectorAll('#cs-button').length;
/* 可以同时设置"按钮 1"和"按钮 2"的样式 */
#cs-button {}
```

但并不推荐这么做，因为要确保 ID 唯一。

总结一下，理论上只要学会使用标签选择器、类选择器和 ID 选择器，就可以实现网页样式布局的开发了。标签选择器用来进行部分 HTML 元素的样式重置，类选择器完成主要的样式设置，ID 选择器酌情使用。

而 CSS 的布局无非就是宽高尺寸设置外加布局定位，因此，那种"一天入门 CSS 上手开发"的说法并不为过。

然而，实际的开发肯定和理论场景是有区别的，单靠几个入门选择器肯定无法驾驭所有的场景。例如，当引入第三方组件的时候，我们需要对其进行重置，如果这些组件的某些元素并未暴露任何的类或者 ID，我们该如何重置？又如要实现换肤或者暗黑模式效果，总不可能把元素的所有类名都替换一遍实现吧，那样成本太高。此时，可以使用 CSS 选择符将多个选择器按照 DOM 结果关系进行组合，使 CSS 选择器的使用更为灵活与强大。第 5 章将介绍 CSS 选择符的使用。

第 5 章

精通 CSS 选择符

CSS 选择符可以让选择器有更丰富的层级关系，使我们从容应对各种相对复杂的样式布局。

CSS 选择符目前有下面这几个：后代选择符——空格（ ）、子选择符——箭头（>）、相邻兄弟选择符——加号（+）、随后兄弟选择符——波浪线（~）和列选择符——双管道（||）。其中对于前 4 个选择符，浏览器开始支持的时间较早，非常实用，是本章的重点。最后的列选择符算是"新贵"，与 Table 等布局密切相关，但目前浏览器的兼容性还不足以使它被实际应用，因此只简单介绍。

5.1 后代选择符——空格（ ）

后代选择符是非常常用的选择符，随手抓取一个线上的 CSS 文件就可以看到这个选择符，它从 IE6 时代就开始被支持了。

后代选择符以空格作为分隔符，从前往后的选择器，只要匹配 DOM 由外而内的层级关系，就会匹配最后一个选择器对应的元素。

例如选择器 article p a 一定是匹配祖先元素中存在<p>元素和<article>元素的<a>元素，即使嵌套层系很深或者标签重复嵌套，也是可以匹配的。

可以说，后代选择符匹配的可能性非常大，因此，对于那些需要长期迭代与维护的项目，并不建议后代选择符的最后一个选择器使用标签选择器，尤其是比较常用的标签，因为后期维护的时候，DOM 内容添加和层级变动很常见，极有可能出现不希望出现的 HTML 元素匹配。所以，请避免出现如下的选择器代码：

```
.cs-x div { display: flex; }
.cs-x a { color: darkblue; }
```

以上就是后代选择符的基本特性，很容易理解，也很常见。很多人可能觉得已经掌握了，

5.1 后代选择符——空格( )

是这样吗？有些东西即使天天见，也不见得真的很了解它。

5.1.1 对 CSS 后代选择符可能的错误认识

看这个例子，HTML 代码和 CSS 代码分别如下：

```
<div class="lightblue">
    <div class="darkblue">
        <p>1. 颜色是? </p>
    </div>
</div>
<div class="darkblue">
    <div class="lightblue">
        <p>2. 颜色是? </p>
    </div>
</div>
.lightblue { color: lightblue; }
.darkblue { color: darkblue; }
```

请问文字的颜色是什么？

这个问题比较简单，因为 color 具有继承特性，所以文字的颜色由 DOM 层级最深的赋色元素决定，因此 1 和 2 的颜色分别是深蓝色和浅蓝色，如图 5-1 所示。

1. 颜色是？

2. 颜色是？

图 5-1 类选择器与文字颜色

这个示例配有演示页面，读者可以手动输入 https://demo.cssworld.cn/selector2/5/1-1.php 或扫描下面的二维码体验与学习。

但是，如果把这里的类选择器换成后代选择符，就没这么简单了，很多人会搞错最终呈现的文字颜色：

```
<div class="lightblue">
    <div class="darkblue">
        <p>1. 颜色是? </p>
    </div>
</div>
<div class="darkblue">
    <div class="lightblue">
```

```
      <p>2. 颜色是？</p>
    </div>
  </div>
.lightblue p { color: lightblue; }
.darkblue p { color: darkblue; }
```

早些年我拿这道题做测试，结果全军覆没，无人答对，大家都认为 1 和 2 的颜色分别为深蓝色和浅蓝色。实际上正确答案是，1 和 2 全部都是深蓝色，如图 5-2 所示。

1. 颜色是？

2. 颜色是？

图 5-2　后代选择符与文字颜色

很多人会搞错的原因就在于他们对后代选择符有错误的认识。当包含后代选择符的时候，整个选择器的优先级与祖先元素的 DOM 层级没有任何关系，这时要看落地元素的优先级。在本例中，落地元素就是最后的<p>元素。两个<p>元素彼此分离，非嵌套，因此 DOM 层级平行，没有先后之分。再看选择器的优先级，.lightblue p 和.darkblue p 出现了一个类选择器（数值 10）和一个标签选择器（数值 1），选择器优先级数值一样。此时就要看它们在 CSS 文件中的位置，遵循"后来居上"的规则，由于.darkblue p 位置靠后，因此<p>都是按照 color:darkblue 进行颜色渲染的，于是，最终 1 和 2 的文字颜色都是深蓝色。

读者可以手动输入 https://demo.cssworld.cn/selector2/5/1-2.php 或扫描下面的二维码体验与学习。

结果有点反直觉，大家可以多琢磨琢磨。如果觉得已经理解了，可以看看下面这两段 CSS 语句，算是一个小测验。

例 1：此时 1 和 2 的文字颜色是什么？

```
:not(.darkblue) p { color: lightblue; }
.darkblue p { color: darkblue; }
```

答案：1 和 2 的文字颜色都是 darkblue（深蓝色）。因为:not()本身的优先级为 0（详见第 2 章），所以:not(.darkblue) p 和.darkblue p 的优先级数值是一样的，遵循"后来居上"的规则，.darkblue p 位于靠后的位置，因此 1 和 2 的文字颜色都是深蓝色。

例 2：此时 1 和 2 的文字颜色是什么？

```
.lightblue.lightblue p { color: lightblue; }
.darkblue p { color: darkblue; }
```

答案：1 和 2 的文字颜色都是 lightblue（浅蓝色）。因为选择器 .lightblue.lightblue p 的优先级更高。

5.1.2 对 JavaScript 中后代选择符可能的错误认识

直接看例子，HTML 代码如下：

```
<div id="myId">
    <div class="lonely">单身如我</div>
    <div class="outer">
        <div class="inner">内外开花</div>
    </div>
</div>
```

下面使用 JavaScript 和后代选择符获取元素，请问下面两条语句的输出结果分别是什么呢？

```
// 1. 长度是？
document.querySelectorAll('#myId div div').length;
// 2. 长度是？
document.querySelector('#myId').querySelectorAll('div div').length;
```

很多人会认为这两条语句返回的长度值都是 1。实际上，它们返回的长度值分别是 1 和 3！

图 5-3 是在浏览器控制台测试出来的结果。

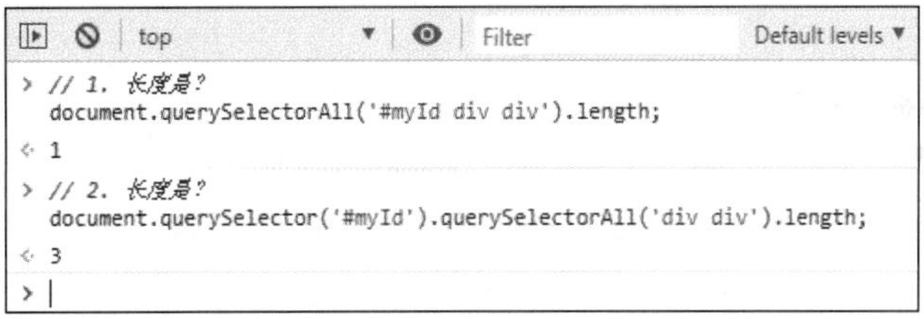

图 5-3　使用 JavaScript 和后代选择符获取的元素的长度

第一条语句的返回结果符合我们的预期。为何下一条语句返回的 NodeList 的长度是 3 呢？其实这很好解释，原因是 CSS 选择器是独立于整个页面的！

什么意思呢？假如你在页面一个层级很深的 DOM 元素中写上：

```
<style>
div div { }
</style>
```

那么整个网页（包括父级）中只要是满足 div div 这种后代关系的元素，就会全部被选中，这点大家都清楚。

querySelectorAll 中的选择器同样有全局特性。document.querySelector('#myId').querySelectorAll('div div') 的意思是：查询 #myId 元素的子元素，选择同时满足整个页面中 div div 选择器条件的所有 DOM 元素。

此时我们再仔细看看原始的 HTML 结构会发现,在全局视野下,div.lonely、div.outer、div.inner 都满足 div div 这个选择器条件,于是,最终返回的长度为 3。如果我们在浏览器控制台输出所有 NodeList,也是这个结果:

```
NodeList(3) [div.lonely, div.outer, div.inner]
```

这就是对 JavaScript 中后代选择符可能的错误认识。

其实,要想让 querySelectorAll 后面的选择器不是全局匹配,也是有办法的,可以使用 :scope 伪类,其作用就是让 CSS 选择器的作用域限定在某一范围内。例如,可以将上面的例子改成下面这样:

```
// 3. 长度是?
document.querySelector('#myId').querySelectorAll(':scope div div').length;
```

则最终返回的结果就是 1,如图 5-4 所示。

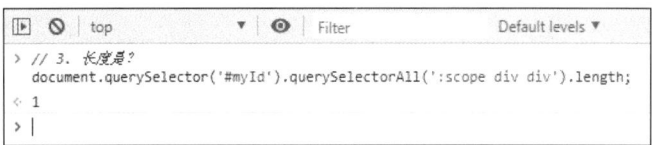

图 5-4　使用 :scope 伪类获取的元素的长度

既然提到了 :scope 伪类,接下来就顺便简单介绍一下。

5.1.3　:scope 伪类

曾经有一段时间,部分浏览器曾经支持过"在一个网页文档中支持多个 CSS 作用域",语法是在 <style> 元素上设置 scoped 属性,如下:

```
<style scoped>
.your-css {}
</style>
```

在一番争论之后,这个特性被舍弃了,原本支持它的浏览器也不支持了,scoped 属性也被彻底移除了,犹如昙花一现。然而,:scope 伪类却被保留了下来,而且除了 IE/Edge,其他浏览器都支持。

但是,虽然浏览器支持 :scope,但已经完全变味了,在 CSS 世界中,:scope 伪类更像一个摆设,因为如今的网页只有一个 CSS 作用域,所以 :scope 伪类等同于 :root 伪类。

例如,我们设置

```
:scope {
    background-color: skyblue;
}
```

和设置

```
:root {
    background-color: skyblue;
}
```

的最终效果是一样的，都是网页的背景色变成天蓝色。

当然，`:scope` 也不是一无是处，它是一个非常安全的用来区分 IE/Edge 和其他浏览器的利器，区分方法为

```
/* IE/Edge */
.cs-class {}
/* Chrome/Firefox/Safari 等其他浏览器 */
:scope .cs-class {}
```

或者

```
/* IE/Edge */
.cs-class {}
/* Chrome/Firefox/Safari 等其他浏览器 */
:scope, .cs-class {}
```

推荐使用后一种方法，因为选择器的优先级更合理。

另外，虽然 `:scope` 伪类在 CSS 世界中的作用有限，但是它在一些 DOM API 中表现出了真正的语义，这些 API 包括 `querySelector()`、`querySelectorAll()`、`matches()` 和 `Element.closest()`。此时 `:scope` 伪类匹配的是正在调用这些 API 的 DOM 元素。

例如 5.1.2 节中出现过的例子，已知 HTML 代码如下：

```
<div id="myId">
    <div class="lonely">单身如我</div>
    <div class="outer">
        <div class="inner">内外开花</div>
    </div>
</div>
```

此时，运行如下 JavaScript 代码：

```
document.querySelector('#myId').querySelectorAll('div div');
```

在控制台输出的是 3 个 `<div>` 元素：

```
NodeList(3) [div.lonely, div.outer, div.inner]
```

因为选择器 `div div` 是相对整个文档而言的，语义就是返回页面中既匹配 `div div` 选择器又是 `#myId` 子元素的元素。

如果修改一下运行的 JavaScript 代码，增加 `:scope` 伪类，就像下面这样：

```
document.querySelector('#myId').querySelectorAll(':scope div div');
```

则输出结果就只有 1 个 `<div>` 元素了：

```
NodeList(1) [div.inner]
```

因为此时':scope div div'中的:scope 匹配的就是#myId 元素,语义就是返回页面中既匹配#myId div div选择器又是#myId 子元素的元素。

由于:scope 伪类从原本的作用域特性变成了在 DOM API 中特别指代的元素,因此,现在称:scope 伪类为参考元素伪类,而不是作用域伪类。

5.2 子选择符——箭头(>)

子选择符也是非常常用、重要的一个选择符,IE7 浏览器开始支持,它和后代选择符有类似于"远房亲戚"的关系。

5.2.1 子选择符和后代选择符的区别

子选择符只匹配第一代子元素,而后代选择符会匹配所有子元素。

看一个例子,HTML 结构如下:

```
<ol>
    <li>背景色是? </li>
    <li>背景色是?
        <ul>
            <li>背景色是? </li>
            <li>背景色是? </li>
        </ul>
    </li>
    <li>背景色是? </li>
</ol>
```

CSS 结构如下:

```
ol li {
    background-color: deepskyblue;
}
ol > li {
    background-image: repeating-linear-gradient(135deg, white 0 5px, transparent 5px 10px);
}
```

我们可以根据<li>元素背景色的呈现效果确定不同的选择器匹配的元素。最终的测试结果如图 5-5 所示。

可以看到,外层所有列表元素均是蓝色的背景色和白色的斜纹背景图案同时存在,说明既匹配了 ol li 选择器,又匹配了 ol > li 选择器,而内层列表元素的背景仅是蓝色的纯色背景,说明只匹配了 ol li 选择器。由此可以证明,ol > li 只作用于当前子<li>元素,而 ol li 作用于所有的后代<li>元素。

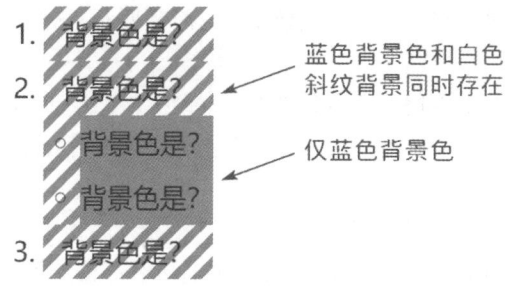

图 5-5　子选择符和后代选择符的测试结果截图

以上就是这两个选择符的差异。显然，后代选择符的匹配范围比子选择符的匹配范围广，因此，在同样选择器的情况下，子选择符的匹配性能优于后代选择符。但这种性能优势有限，不能作为选择符选型的优先考虑条件。

图 5-5 配有演示页面，读者可以手动输入 https://demo.cssworld.cn/selector2/5/2-1.php 或扫描下面的二维码体验与学习。

5.2.2　适合使用子选择符的场景

能不用子选择符就尽量不用，虽然它的性能优于后代选择符，但与其日后带来的维护成本相比，这实在是不值一提。

举个例子，有一个模块容器，类名是 .cs-module-x，这个模块在 A 区域和 B 区域的样式有一些差异，需要重置，通常的做法是给容器外层元素重新命名一个类，如 .cs-module-reset-b，此时，很多开发人员（也没想太多）就使用了子选择符：

```
.cs-module-reset-b > .cs-module-x {
    width: fit-content;
}
```

作为过来人，建议大家使用后代选择符代替：

```
/* 建议 */
.cs-module-reset-b .cs-module-x {
    position: absolute;
}
```

因为一旦使用了子选择符，元素的层级关系就被强制绑定了，日后需要维护或者需求发生变化的时候如果调整了层级关系，整个样式就失效了，这时需要对 CSS 代码进行同步调整，增加了维护成本。

记住：**使用子选择符的主要目的是避免冲突**。本例中，`.cs-module-x` 容器内部不可能再有一个 `.cs-module-x`，因此使用后代选择符绝对不会出现冲突，反而会让结构变得更加灵活，就算日后再嵌套一层标签，也不会影响布局。

适合使用子选择符的场景通常有以下 3 个。

（1）状态类名控制。例如，使用 `.active` 类名进行状态切换，会遇到祖先和后代都存在 `.active` 切换的场景，此时子选择符是必需的，可以避免影响后代元素，例如：

```
.active > .cs-module-x {
    display: block;
}
```

（2）标签受限。例如，当 `<li>` 标签重复嵌套，同时我们无法修改标签名称或者设置类名的时候（例如 WordPress 中的第三方小工具），就需要使用子选择符进行精确控制。

```
.widget > li {}
.widget > li li {}
```

（3）层级位置与动态判断。例如，一个时间选择组件的 HTML 通常会放在 `<body>` 元素下，作为 `<body>` 的子元素以绝对定位浮层的形式呈现。但有时候其需要以静态布局嵌在页面的某个位置，这时如果我们不方便修改组件源码，则可以借助子选择符快速打一个补丁：

```
:not(body) > .cs-date-panel-x {
    position: relative;
}
```

意思是当组件容器不是 `<body>` 子元素的时候取消绝对定位。

子选择符是一把双刃剑，它通过限定关系使结构更加稳固，但同时失去了弹性和变化，需要审慎使用。

5.3 相邻兄弟选择符——加号（+）

相邻兄弟选择符也是非常实用的选择符，它被 IE7 及以上版本的浏览器支持。它可以用于选择相邻的兄弟元素，但只能选择后面一个兄弟元素。我们将通过一个简单的例子快速了解一下相邻兄弟选择符，HTML 和 CSS 代码分别如下：

```
<ol>
    <li>1. 颜色是？</li>
    <li class="cs-li">2. 颜色是？</li>
    <li>3. 颜色是？</li>
    <li>4. 颜色是？</li>
</ol>
.cs-li + li {
```

```
    color: skyblue;
}
```

测试结果如图 5-6 所示。

图 5-6　相邻兄弟选择符测试结果截图

可以看到，.cs-li 后面一个<li>元素的颜色变成天蓝色了，结果符合我们的预期，因为.cs-li+li 表示选择.cs-li 元素后面一个相邻且标签是 li 的元素。如果这里的选择器是.cs-li+p，则不会有元素被选中，因为.cs-li 后面是<li>元素，而不是<p>元素。

读者可以手动输入 https://demo.cssworld.cn/selector2/5/3-1.php 或扫描下面的二维码体验与学习。

5.3.1　相邻兄弟选择符的相关细节

实际开发时，HTML 不一定都是整齐的标签元素，此时，相邻兄弟选择符又当如何表现呢？

1．文本节点与相邻兄弟选择符

CSS 代码很简单：

```
h4 + p {
    color: skyblue;
}
```

然后我们在<h4>和<p>元素之间插入一些文字，看看<p>元素的颜色是否还是天蓝色？

```
<h4>1．文本节点</h4>
中间有字符间隔，颜色是？
<p>如果其颜色为天蓝，则说明相邻兄弟选择符忽略了文本节点。</p>
```

测试结果如图 5-7 所示，<p>元素的颜色依然为天蓝色，这说明相邻兄弟选择符忽略了文本节点。

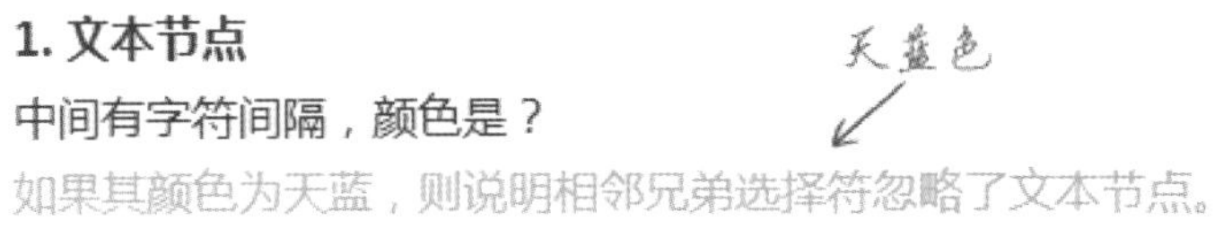

1. 文本节点

图 5-7　相邻兄弟选择符忽略文本节点效果截图

2. 注释节点与相邻兄弟选择符

CSS 代码很简单：

```
h4 + p {
    color: skyblue;
}
```

然后我们在 \<h4\> 和 \<p\> 元素之间插入一段注释，看看 \<p\> 元素的颜色是否还是天蓝色？

```
<h4>2. 注释节点</h4>
<!-- 中间有注释间隔，颜色是？ -->
<p>如果其颜色为天蓝，则说明相邻兄弟选择符忽略了注释节点。</p>
```

测试结果如图 5-8 所示，\<p\> 元素的颜色依然为天蓝色，说明相邻兄弟选择符忽略了注释节点。

图 5-8　相邻兄弟选择符忽略注释节点效果截图

由此，我们可以得出，相邻兄弟选择符会忽略文本节点和注释节点，只认元素节点。

上述两个测试示例均配有演示页面，读者可以手动输入 https://demo.cssworld.cn/selector2/5/3-2.php 或扫描下面的二维码体验与学习。

5.3.2　实现类似 :first-child 伪类的效果

相邻兄弟选择符可以用来实现类似 :first-child 伪类的效果。例如，我们希望除第一个列表以外的其他列表都有 margin-top 属性值，首先可以想到的就是 :first-child，如果无须兼容 IE8 浏览器，可以这样实现：

5.3 相邻兄弟选择符——加号（+）

```
.cs-li:not(:first-child) { margin-top: 1em; }
```

如果需要兼容IE8浏览器，则可以分开处理：

```
.cs-li { margin-top: 1em; }
.cs-li:first-child { margin-top: 0; }
```

下面介绍另一种方法，那就是借助相邻兄弟选择符，如下：

```
.cs-li + .cs-li { margin-top: 1em; }
```

由于相邻兄弟选择符只能匹配后一个元素，因此第一个元素不会被匹配，于是自然而然实现了非首列表元素的匹配。

实际上，此方法的适用范围比:first-child更广一些，例如，当容器的第一个子元素并非.cs-li的时候，相邻兄弟选择符这个方法依然有效，而:first-child此时却无效了，因为没有任何.cs-li元素是第一个子元素了，也就无法匹配:first-child。用实例说明，有如下HTML代码：

```
<div class="cs-g1">
    <h4>使用:first-child实现</h4>
    <p class="cs-li">列表内容1</p>
    <p class="cs-li">列表内容2</p>
    <p class="cs-li">列表内容3</p>
</div>
<div class="cs-g2">
    <h4>使用相邻兄弟选择符实现</h4>
    <p class="cs-li">列表内容1</p>
    <p class="cs-li">列表内容2</p>
    <p class="cs-li">列表内容3</p>
</div>
```

.cs-g1和.cs-g2中的.cs-li分别使用了不同的方法实现，如下：

```
.cs-g1 .cs-li:not(:first-child) {
    color: skyblue;
}
.cs-g2 .cs-li + .cs-li {
    color: skyblue;
}
```

对比测试结果如图5-9所示。

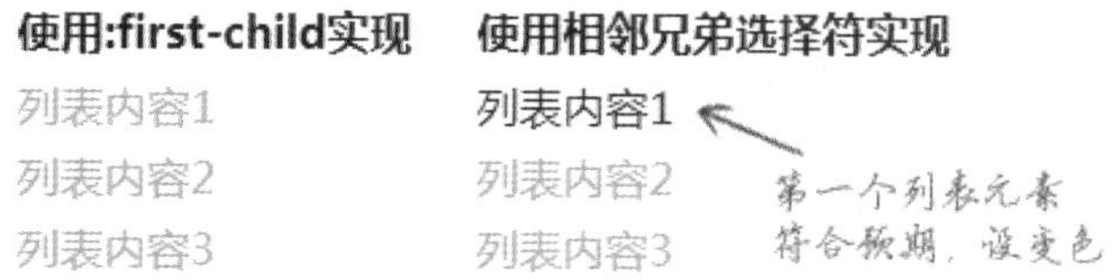

图5-9 分别使用:first-child与相邻兄弟选择符得到的测试结果对比

可以看到，:first-child 的所有列表元素都是天蓝色，匹配失败，而相邻兄弟选择符实现的第一个列表元素的颜色依然是黑色，而非天蓝色，说明正确匹配了非首列表元素。可见，相邻兄弟选择符的适用范围更广一些。

读者可以手动输入 https://demo.cssworld.cn/selector2/5/3-3.php 或扫描下面的二维码体验与学习。

5.3.3　众多高级选择器技术的核心

相邻兄弟选择符最有价值的应用还是配合诸多伪类以低成本实现很多实用的交互效果，它是众多高级选择器技术的核心。

举一个简单的例子，当我们聚焦输入框的时候，如果希望显示后面的提示文字，可以借助相邻兄弟选择符轻松实现。原理很简单：把提示文字预先埋在输入框的后面，当触发 focus 行为时，提示文字即可显示。HTML 和 CSS 代码分别如下：

用户名：`<input><span class="cs-tips">不超过 10 个字符</span>`

```
.cs-tips {
  color: gray;
  margin-left: 15px;
  position: absolute;
  visibility: hidden;
}
:focus + .cs-tips {
  visibility: visible;
}
```

无须任何 JavaScript 代码参与，效果如图 5-10 所示，上图为失焦时的效果图，下图为聚焦时的效果图。

图 5-10　失焦和聚焦时的效果图

读者可以手动输入 https://demo.cssworld.cn/selector2/5/3-4.php 或扫描下面的二维码体验与学习。

这里只是抛砖引玉，更多精彩的应用参见第 11 章。

5.4　随后兄弟选择符——波浪线（~）

随后兄弟选择符和相邻兄弟选择符的兼容性一致，都是从 IE7 浏览器开始支持的，可以放心使用。两者的实用性和重要程度也是类似的，它们的关系较近。

5.4.1　随后兄弟选择符和相邻兄弟选择符的区别

相邻兄弟选择符只会匹配它后面的第一个兄弟元素，而随后兄弟选择符会匹配它后面的所有兄弟元素。

看一个例子，HTML 结构如下：

```
<p class="cs-li">列表内容 1</p>
<h4 class="cs-h">标题</h4>
<p class="cs-li">列表内容 2</p>
<p class="cs-li">列表内容 3</p>
```

CSS 结构如下：

```
.cs-h ~ .cs-li {
    color: skyblue;
    text-decoration: underline;
}
.cs-h + .cs-li {
    text-decoration: underline wavy;
}
```

最终的测试结果如图 5-11 所示。

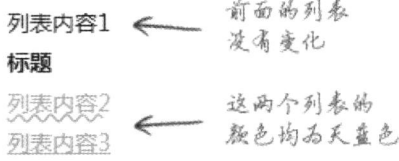

图 5-11　相邻兄弟选择符和随后兄弟选择符测试结果对比

可以看到 .cs-h 后面的所有 .cs-li 元素的文字颜色都变成了天蓝色，但是只有后面的第一个 .cs-li 元素才有波浪线。这就是相邻兄弟选择符和随后兄弟选择符的区别，即前者匹配后面的第一个元素，后者匹配后面的所有元素。

因此，同选择器条件下，相邻兄弟选择符的性能比随后兄弟选择符高一些。但是，在 CSS 中，如果选择器的性能差异没有达到一定的数量级，是不值得探讨的，因此，关于性能大家不必深究。

至于其他细节，两者是类似的，例如，随后兄弟选择符也会忽略文本节点和注释节点。

读者可以手动输入 https://demo.cssworld.cn/selector2/5/4-1.php 或扫描下面的二维码查看本示例的测试结果。

5.4.2　如何实现前面兄弟选择符的效果

在 CSS 选择器世界中，并不存在前面兄弟选择符，但是我们在实际开发的时候，确实存在很多场景需要控制前面的兄弟元素，此时又该怎么办呢？

如果你的项目对兼容性要求不高，可以试试使用 :has() 伪类，例如：

```
<h4 class="cs-h">标题</h4>
<p class="cs-li">列表内容</p>
.cs-h:has( + .cs-li) {
    color: deepskyblue;
}
```

此时标题元素就是深天蓝色，虽然伪类的参数是相邻兄弟选择符，但是匹配的是前面的元素，详见 9.4 节。

不过 :has 伪类是 2022 年才开始支持的，要想在生产环境中大规模使用还需要数年，不过也不是没有其他方法。

相邻兄弟选择符只能选择后面的元素，但是这个"后面"仅指代码层面，而不是视觉层面。也就是说，我们要实现前面兄弟选择符的效果，可以把这个"前面的元素"的相关代码依然放在后面，但是视觉上将它呈现在前面就可以了。

DOM 位置和视觉位置不一致的实现方法非常多，常见的如 float 浮动实现、absolute 绝对定位实现，所有具有定位特性的 CSS 属性（如 margin、left/top/right/bottom 以及 transform）也可以实现。更高级的方法是使用 direction 或者 writing-mode 改变文档流的顺序。在移动端，我们还可以使用 Flex 布局，它可以帮助我们更加灵活地控制 DOM 元素呈现的位置。

用实例说明，例如，我们要实现输入框聚焦时，前面的描述文字"用户名"也同时高亮显示的效果，如图 5-12 所示。

图 5-12　输入框聚焦，前面描述文字高亮显示的效果

下面给出 4 种不同的方法来实现这里的前面兄弟选择符效果。

（1）Flex 布局实现。Flex 布局中有一个名为 `flex-direction` 的属性，该属性可以控制元素在水平或者垂直方向呈现的顺序。

HTML 代码和 CSS 代码如下：

```
<div class="cs-flex">
    <input class="cs-input"><label class="cs-label">用户名：</label>
</div>

.cs-flex {
    display: inline-flex;
    flex-direction: row-reverse;
}
.cs-input {
    width: 200px;
}
.cs-label {
    width: 64px;
}
:focus ~ .cs-label {
    color: darkblue;
    text-shadow: 0 0 1px;
}
```

这一方法主要通过 `flex-direction:row-reverse` 调换元素在水平方向的呈现顺序来实现 DOM 位置和视觉位置的不同。此方法使用简单，方便快捷，唯一的问题是兼容性，用户群是外部用户的桌面端网站项目慎用，移动端则无碍。

（2）`float` 浮动实现。通过让前面的`<input>`输入框右浮动就可以实现位置调换了。

HTML 代码和 CSS 代码如下：

```
<div class="cs-float">
    <input class="cs-input"><label class="cs-label">用户名：</label>
</div>

.cs-float {
    width: 264px;
}
.cs-input {
    float: right;
```

```
    width: 200px;
}
.cs-label {
    display: block;
    overflow: hidden;
}
:focus ~ .cs-label {
    color: darkblue;
    text-shadow: 0 0 1px;
}
```

这一方法的兼容性极佳,但仍有不足,其一是容器宽度需要根据子元素的宽度计算,当然,如果无须兼容 IE8,配合 calc() 计算则没有这个问题;其二是不能实现多个元素的前面兄弟选择符效果,这个比较致命。

(3) absolute 绝对定位实现。这个很好理解,就是把后面的 `<label>` 绝对定位到前面。

HTML 代码和 CSS 代码如下:

```
<div class="cs-absolute">
    <input class="cs-input"><label class="cs-label">用户名: </label>
</div>

.cs-absolute {
    width: 264px;
    position: relative;
}
.cs-input {
    width: 200px;
    margin-left: 64px;
}
.cs-label {
    position: absolute;
    left: 0;
}
:focus ~ .cs-label {
    color: darkblue;
    text-shadow: 0 0 1px;
}
```

这一方法的兼容性不错,也比较好理解。缺点是当元素较多的时候,控制成本比较高。

(4) direction 属性实现。借助 direction 属性改变文档流的顺序可以轻松实现 DOM 位置和视觉位置的调换。

HTML 代码和 CSS 代码如下:

```
<div class="cs-direction">
    <input class="cs-input"><label class="cs-label">用户名: </label>
</div>

/* 水平文档流的顺序改为从右往左 */
.cs-direction {
```

```
        direction: rtl;
    }
    /* 水平文档流的顺序还原 */
    .cs-direction .cs-label,
    .cs-direction .cs-input {
        direction: ltr;
    }
    .cs-label {
        display: inline-block;
    }
    :focus ~ .cs-label {
        color: darkblue;
        text-shadow: 0 0 1px;
    }
```

这一方法可以彻底改变任意个数的内联元素在水平方向的呈现位置，兼容性非常好，也容易理解。唯一的不足是它针对的必须是内联元素，好在本例的文字和输入框就是内联元素。

大致总结一下这 4 种方法：Flex 方法适合多元素、块级元素，有一定的兼容性问题；float 方法和 absolute 方法虽然比较适合新手开发，也没有兼容性问题，但是不太适合多元素，而比较适合两个元素的场景；direction 方法适合多元素、内联元素，没有兼容性问题，由于块级元素也可以设置为内联元素，因此，direction 方法理论上是一个终极解决方法。大家可以根据自己项目的实际场景选择合适的方法。

当然，不止上面 4 种方法，一个 margin 定位也能实现类似的效果，这里就不一一展开了。

以上 4 种方法均配有演示页面，读者可以手动输入 https://demo.cssworld.cn/selector2/5/4-2.php 或扫描下面的二维码体验与学习。

5.5 快速了解列选择符——双管道（||）

列选择符是规范中刚出现不久的新选择符，目前浏览器的兼容性还不足以让它在实际项目中得到应用，因此仅简单介绍一下，让大家知道它大致是干什么用的。

Table 布局和 Grid 布局中都有列的概念。有时候我们希望控制整列的样式，有两种方法：一种是借助 :nth-col() 或者 :nth-last-col() 伪类，不过目前浏览器尚未支持这两个伪类；另一种是借助原生 Table 布局中的 <colgroup> 和 <col> 元素实现，这个方法的兼容性非常好。

我们通过一个简单的例子快速了解一下 <colgroup> 和 <col> 这两个元素。例如，表格的 HTML 代码如下：

```html
<table border="1" width="600">
    <colgroup>
        <col>
        <col span="2" class="ancestor">
        <col span="2" class="brother">
    </colgroup>
    <tr>
        <td> </td>
        <th scope="col">后代选择符</th>
        <th scope="col">子选择符</th>
        <th scope="col">相邻兄弟选择符</th>
        <th scope="col">随后兄弟选择符</th>
    </tr>
    <tr>
        <th scope="row">示例</th>
        <td>.foo .bar {}</td>
        <td>.foo > .bar {}</td>
        <td>.foo + .bar {}</td>
        <td>.foo ~ .bar {}</td>
    </tr>
</table>
```

可以看出表格共有 5 列。其中，`<colgroup>`元素中有 3 个`<col>`元素，从 span 属性值可以看出，这 3 个`<col>`元素分别占据 1 列、2 列和 2 列。此时，我们给后面两个`<col>`元素设置背景色，就可以看到背景色作用在整列上了。CSS 代码如下：

```css
.ancestor {
    background-color: dodgerblue;
}
.brother {
    background-color: skyblue;
}
```

最终测试效果如图 5-13 所示。

	后代选择符	子选择符	相邻兄弟选择符	随后兄弟选择符
示例	.foo .bar {}	.foo > .bar {}	.foo + .bar {}	.foo ~ .bar {}

图 5-13　表格中的整列样式控制

但是有时候我们的单元格并不正好覆盖某一列，而是跨列，此时，`<col>`元素会忽略这些跨列元素。举个例子：

```html
<table border="1" width="200">
    <colgroup>
        <col span="2">
        <col class="selected">
    </colgroup>
    <tbody>
```

```
        <tr>
            <td>A</td>
            <td>B</td>
            <td>C</td>
        </tr>
        <tr>
            <td colspan="2">D</td>
            <td>E</td>
        </tr>
        <tr>
            <td>F</td>
            <td colspan="2">G</td>
        </tr>
    </tbody>
</table>
col.selected {
    background-color: skyblue;
}
```

此时仅 C 和 E 两个单元格有天蓝色的背景色，G 单元格虽然也覆盖了第三列，但由于它同时也覆盖了第二列，因此被忽略了，效果如图 5-14 所示。

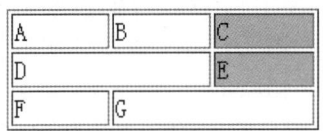

图 5-14　G 单元格没有背景色

这就有问题了。很多时候，我们需要 G 单元格也有背景色，即只要包含目标列，就认为是目标对象。为了应对这种需求，列选择符应运而生。

列选择符写作双管道（||），包含两个字符，和 JavaScript 语言中的逻辑或的写法一致，但是在 CSS 中不是"或"的意思，用"属于"来解释更为恰当。

通过如下 CSS 选择器，可以使 G 单元格也有背景色：

```
col.selected || td {
    background-color: skyblue;
}
```

`col.selected || td` 的含义就是，选择所有属于 `col.selected` 的 `<td>` 元素，哪怕这个 `<td>` 元素横跨多个列。

于是，可以看到图 5-15 所示的效果。

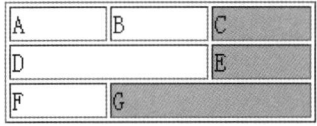

图 5-15　G 单元格有背景色

第 6 章

被低估的属性选择器

前几章讲述了几个常用的、必须掌握的选择器,以及可以将选择器威力放大数倍的选择符,对新手而言,只要掌握前面这几章的内容,就能实现完全静态的网页布局效果,足以在生产环境中进行开发,再掌握一些基础且常用的 CSS 属性,就可以算是前端入门了。

但 CSS 这门语言入门简单,精深却不容易。以本书为例,从本章开始的所有内容都可以看作 CSS 选择器功能的增强,占据的篇幅达到 60%~70%之大,但是覆盖的只是实际开发场景中的 30%。

所有设计出的 CSS 选择器都是有针对性和应对场景的,其中可能有些场景不太常见,但是随着开发的不断深入,早晚会在实践中遇到,此时,如果能够使用对应的 CSS 选择器,则开发效率和实现效果都会很惊人。举个例子,我们进行 Web Components 组件化开发的时候,要想知道组件是否已经被定义,如果你没有学习后面的内容,就要在 JavaScript 代码中埋一些标记量给 CSS 使用,其实,是有专门的名为:defined 的伪类匹配这种场景的。

从本章开始,对内容的掌握程度决定了读者是普通的还是资深的 CSS 开发人员。

先介绍一个被大家低估的选择器——属性值匹配选择器。我们平常提到的属性选择器指的是[type="radio"]这类选择器,实际上,属性选择器是简称,其全称为"属性值匹配选择器"。在正式文档中,类选择器和 ID 选择器都属于属性选择器,因为本质上类选择器是 HTML 元素中 class 的属性值,ID 选择器是 HTML 元素中 id 的属性值。

类选择器和 ID 选择器在第 4 章已经介绍过了,这里不再赘述,下面重点讲述属性值匹配选择器。

6.1 属性值匹配选择器逐渐兴起

过去,属性值匹配选择器是使用率较低的选择器,我认为有下面两个原因。

(1) IE 浏览器的性能不佳,不足以支撑大规模使用属性选择器。

由于属性选择器是任意匹配的，包括自定义的属性，而每一个 HTML 元素上会有多个属性，因此，当我们写下类似[rel~="noopener"]这样的选择器的时候，其匹配的性能开销相比其他选择器是巨大的。换而言之，属性选择器是常见 CSS 选择器中匹配性能最差的，所以，在之前还需要兼容 IE 浏览器的时代，建议谨慎使用。

但是现在时代变了，IE 浏览器已经停止维护了。对于现在常见的桌面端网页，九成以上都使用现代浏览器或者现代浏览器的内核。CSS 选择器解析性能非常高，就算在 CSS 中大规模应用属性选择器，也不会带来可感知的渲染性能问题。

（2）缺乏必要的需要使用属性选择器的场景。

现代 Web 快速发展，无论是原生的 Web Components 组件化开发，还是在 Vue 和 React 框架中的组件开发，设置一些自定义的 HTML 属性作为组件的接口是很常见的。而这些自定义的 HTML 属性往往是和 CSS 样式相关联的，此时，属性选择器就可以大放异彩了。

以简单的显示隐藏组件为例，过去，我们可能通过使用 JavaScript 改变元素的 display 显示状态。但是在组件化开发中，往往使用一个 open 属性进行标记与控制，因为现代组件化开发提供了对属性变化的观察能力，使用属性控制更规范、更友好。而此时匹配 open 属性的状态就只能使用属性选择器，例如：

```
ui-toggle:not([open]) { display: none; }
```

类似的场景非常多。可以说，属性选择器开始逐渐成为必学必会的 CSS 选择器了。接下来就详细介绍属性选择器的用法，可能比大家预想的要强大得多。

6.2　属性值直接匹配选择器

属性值直接匹配选择器包括下面 4 种：

```
[attr]
[attr="val"]
[attr~="val"]
[attr|="val"]
```

这 4 种选择器的兼容性不错，IE8 及以上版本的浏览器完全支持，IE7 浏览器也支持，不过不完全，在极个别场景中有瑕疵。

前两种选择器大家用得相对多一些，而后两种选择器估计很多人没有见过，根本不知道它们是做什么用的，也不知道它们的应用价值如何。别急，下面就带大家了解这几种选择器。

6.2.1　详细了解 4 种选择器

1. **[attr]**

[attr]表示只要包含指定的属性就匹配，尤其适用于一些 HTML 布尔属性，这些布尔属

性只要有属性值，无论值的内容是什么，就认为这些属性值为 true。例如，下面所有的输入框的写法都是禁用的：

```
<input disabled>
<input disabled="">
<input disabled="disabled">
<input disabled="true">
<input disabled="false">
```

此时，如果想用属性选择器判断输入框是否禁用，可以直接使用下面的选择器，无须关心具体的属性值究竟是什么：

```
[disabled] {}
```

说到 disabled，就不得不提另一个常见的布尔属性 checked，两者看上去近似，实际上却有不小差异。IE7 浏览器能够正常识别属性选择器[disabled]，但是无法识别[checked]，这是由于某些未知的原因，IE7 浏览器使用[defaultChecked]代替了[checked]，因此判断元素是否为选中状态需要像下面这样判断：

```
/* IE7 浏览器 */
[defaultChecked] {}
/* 其他浏览器 */
[checked] {}
```

就算浏览器支持[checked]选择器，也不建议在实际项目中使用，因为在浏览器下有一个很奇特的行为表现，那就是表单控件元素在 checked 状态变化的时候并不会同步修改 checked 属性的值，而对于 disabled 状态就不会这样。例如，已知 HTML 如下：

```
<input id="checkbox" type="checkbox" checked disabled>
```

此时，使用 JavaScript 代码修改复选框的状态：

```
checkbox.checked = false;
checkbox.disabled = false;
```

浏览器中的 HTML 代码会变成这样：

```
<input id="checkbox" type="checkbox" checked>
```

disabled 消失了，但是 checked 还在，也就是明明复选框已经取消了选择，但是[checked]依然有效，这会导致严重的样式显示错误，因此实际开发中不能使用[checked]选择器进行状态控制，也正是这个原因，才有了:checked 这些伪类。如果非要使用（如兼容 IE8），务必在每次选中状态变化的时候使用 JavaScript 代码更新 checked 属性。

另外，不仅原生属性支持属性选择器，自定义属性也是支持的，例如：

```
<a href class data-title="提示" role="button">删除</a>
[data-title] {}
```

2. [attr="val"]

[attr="val"]是属性值完全匹配选择器,例如,匹配单复选框:

```
[type="radio"] {}
[type="checkbox"] {}
```

或者<ol>、<menu>元素的 type 匹配:

```
/* 小写字母序号 */
ol[type="a"] {}
/* 小写罗马数字序号 */
ol[type="i"] {}
menu[type="context"] {}
menu[type="toolbar"] {}
```

或者自定义属性值的完全匹配:

```
[data-type="1"] {}
```

其他注意事项

(1) 不区分单引号和双引号,单引号和双引号都是合法的引号:

```
[type="radio"] {}
[type='radio'] {}
```

(2) 引号是可以省略的。例如:

```
[type=radio] {}
[type=checkbox] {}
```

如果属性值包含空格,则需要转义,例如:

```
<button class="cs-button cs-button-primary">主按钮</button>
[class=cs-button\0020cs-button-primary] {}
```

或者还是老老实实使用引号:

```
[class="cs-button cs-button-primary"] {}
```

(3) [type=email]等选择器使用起来有风险,此风险只会出现在 IE10 及以上版本浏览器的兼容模式下。例如,我们在页面上写下如下 HTML 代码:

```
<input type="email">
```

如果此时兼容模式的版本是 IE9 或者更低版本,则浏览器会自动将 HTML 中的 type 属性值改变为 text:

```
<input type="text">
```

这会导致[type=email]选择器失效,从而产生样式问题。类似的 type 属性值还包括 url、number、tel 和 range。

此风险只会出现在需要兼容 IE 浏览器的项目中，而且只出现在兼容模式下，在原生浏览器下则不会有问题，不过可能无法通过测试工程师那一关。因此，如果可以，建议使用类选择器控制这些输入框的样式。

但是如果使用完全自定义的非标准 HTML5 属性值，则没有任何风险，例如自定义一个邮政编码类型的输入框：

```
<input type="zipcode">
/* 完全正常 */
[type=zipcode] {}
```

（4）有如下 HTML 代码：

```
<input value="20">
```

此时，下面的选择器是可以匹配的，在 IE8 及以上版本的浏览器下都没问题：

```
[value="20"] {}
```

此时，如果我们改变输入框的值为 10，无论是手动输入还是使用 JavaScript 代码更改，属性选择器都依然按照[value="20"]渲染：

```
input.value = 20;
```

除非我们使用 setAttribute 方法改变属性值：

```
input.setAttribute('value', 10);
```

此时，属性选择器会按照[value="10"]渲染。因此，实际开发中不建议对<input>元素进行 value 属性值匹配。

3. [attr~="val"]

[attr~="val"]是属性值单词完全匹配选择器，专门用来匹配属性中的单词，其中，~=用来连接属性和属性值。

有些属性值（如 class 属性、rel 属性或者一些自定义属性）包含多个关键词，这时可以使用空格分隔这些关键词，例如：

```
<a href rel="nofollow noopener">链接</a>
```

此时就可以借助该选择器实现匹配，例如：

```
[rel~="noopener"] {}
[rel~="nofollow"] {}
```

匹配的属性值不能是空字符串。例如，下面这种选择器用法一定不会匹配任何元素，因为它的属性值是空字符串：

```
/* 无任何匹配 */
[rel~=""] {}
```

如果匹配的属性值只是部分字符串，那么也是无效的。例如，有选择器`[attr~="val"]`，则下面两段 HTML 都不匹配：

```
<!-- 不匹配 -->
<div attr="value"></div>
<!-- 不匹配 -->
<div attr="val-ue"></div>
```

但是，如果字符串前后有一个或者连续多个空格分隔，则可以匹配：

```
<!-- 匹配 -->
<div attr=" val "></div>
<!-- 匹配 -->
<div attr="val    ue"></div>
```

另外，属性值单词完全匹配选择器对非 ASCII 字符（如中文）也是有效的。例如，有 CSS 选择器：

```
[attr~=帅] {}
```

则下面的 HTML 是可以匹配的：

```
<!-- 可以匹配 -->
<div attr="我 帅">我帅</div>
```

适用场景及优势

属性值单词完全匹配选择器非常适合包含多种组合属性值的场景，例如，某元素共有 9 种定位控制：

```
<div data-align="left top"></div>
<div data-align="top"></div>
<div data-align="right top"></div>
<div data-align="right"></div>
<div data-align="right bottom"></div>
<div data-align="bottom"></div>
<div data-align="left bottom"></div>
<div data-align="left"></div>
<div data-align="center"></div>
```

此时，最佳实现就是使用属性值单词完全匹配选择器：

```
[data-align] { left: 50%; top: 50%; }
[data-align~="top"] { top: 0; }
[data-align~="right"] { right: 0; }
[data-align~="bottom"] { bottom: 0; }
[data-align~="left"] { left: 0; }
```

这样的 CSS 代码足够精简且互不干扰，有专属命名空间，代码可读性强，且选择器的优先级和类名一致，很好管理。

传统实现多使用类选择器，虽然技术上没问题，但是往往元素本身就有类名，再加上这里细化的多个类名，代码就显得比较啰唆和混乱：

```html
<!-- 类名啰唆 -->
<div class="cs-align cs-align-left cs-align-top"></div>
<div class="cs-align cs-align-top"></div>
<div class="cs-align cs-align-right cs-align-top"></div>
...
```

显然，对于这种非语义化的同时包含多个属性值的场景，最好使用专门的自定义属性管理，而不是混合在类名中，这样代码的质量更高，开发人员阅读起来更加舒服，也更利于维护和管理。

4. `[attr|="val"]`

`[attr|="val"]`是属性值起始片段完全匹配选择器，表示对于具有 `attr` 属性的元素，其值要么正好是 `val`，要么以 `val` 加短横线 `-`（U+002D）开头，`|=`用于连接需要匹配的属性和属性内容。

```html
<!-- 匹配 -->
<div attr="val"></div>
<!-- 匹配 -->
<div attr="val-ue"></div>
<!-- 匹配 -->
<div attr="val-ue bar"></div>
<!-- 不匹配 -->
<div attr="value"></div>
<!-- 不匹配 -->
<div attr="val bar"></div>
<!-- 不匹配 -->
<div attr="bar val-ue"></div>
```

可以看到，这个选择器严格遵循属性值起始片段匹配的规则。

另外，这个选择器设计的初衷是子语言匹配，用在`<a>`元素的 `hreflang` 属性或者任意元素的 `lang` 属性中。例如，同样是中文，也会有简体中文和繁体中文的差异，最新的标记如下：

- 简体中文有 `zh-cmn-Hans`；
- 繁体中文有 `zh-cmn-Hant`；
- 英文则有 `en-US`、`en-Latn-US`、`en-GB` 等。

于是，就可以借助该选择器来匹配中文类或英文类语言，这在多语言功能实现时比较有用：

```css
/* 匹配中文类语言 */
[lang|="zh"] {}
/* 匹配英文类语言 */
[lang|="en"] {}
```

由于大多数 Web 开发不涉及多语言，因此该选择器平时很少用到。再加上 `:lang` 伪类的存在，进一步减少了 `lang` 属性匹配语言的使用机会，使用更多的是匹配 `hreflang` 属性中的语言设置。

其实，只要 HTML 的属性值是以短横线连接的，就可以使用该选择器，例如：

```html
<!-- 旧语法 -->
<input type="datetime">
```

```html
<!-- 新语法,推荐 -->
<input type="datetime-local">
[type|="datetime"] {}    /* 新旧语法全兼容 */
```

甚至类名属性值也可以用来进行匹配:

```html
<button class="cs-button-primary">主按钮</button>
<button class="cs-button-success">成功按钮</button>
<button class="cs-button-warning">警示按钮</button>
[class|="cs-button"] {}    /* 按钮公用样式 */
.cs-button-primary {}
.cs-button-success {}
.cs-button-warning {}
```

CSS 类名和选择器相关的代码会精简不少,大家如果遇到合适的使用场景,不妨试一试。

6.2.2　AMCSS 开发模式简介

AMCSS 是 Attribute Modules for CSS 的缩写,表示借助 HTML 属性来进行 CSS 相关开发。目前主流的开发模式是多个模块由多个类名控制,例如:

```html
<button class="cs-button cs-button-large cs-button-blue">按钮</button>
```

而 AMCSS 则是基于属性控制的,例如:

```html
<button button="large blue">按钮</button>
```

为了避免属性名称冲突,可以给属性添加一个统一的前缀,如 am-,于是有:

```html
<button am-button="large blue">按钮</button>
```

然后借助[attr~="val"]这个属性值单词完全匹配选择器进行匹配。

因此,主流类选择器

```css
.button {}
.button-large {}
.button-blue {}
```

可以相应转换成

```css
[am-button] {}
[am-button~="large"] {}
[am-button~="blue"] {}
```

这种开发模式的优点是:每个属性有效地声明了一个单独的命名空间,用于封装样式信息,从而产生更易于阅读和维护的 HTML 代码和 CSS 代码。

但是,AMCSS 开发模式也不是完美的,因为完全舍弃类选择器是不现实的。我一贯的技术理念是"海纳百川,有容乃大",因此,和类选择器的命名一样,我还是建议大家采用一种混合的使用模式,也就是说,当我们的布局或样式需要有一个专门的命名空间的时候,就采用

AMCSS 这种开发模式。例如，6.2.1 节中[data-align]的 9 种定位的实现就非常适合使用 AMCSS 这种开发模式，不过改成[am-align]会更好些。而对于普通的定位与布局，还是采用类选择器更为合适。

6.3 属性值正则匹配选择器

属性值正则匹配选择器包括下面 3 种：

```
[attr^="val"]
[attr$="val"]
[attr*="val"]
```

这 3 种属性选择器就完全是字符匹配了，而非单词匹配。其中，尖角符号^、美元符号$以及星号*都是正则表达式中的特殊标识符，分别表示前匹配、后匹配和任意匹配。

这几个选择器的兼容性不错，IE7 及以上版本的浏览器均支持。下面详细介绍这 3 种选择器。

6.3.1 详细了解 3 种选择器

1. [attr^="val"]

[attr^="val"]表示匹配 attr 属性值以字符 val 开头的元素。例如：

```html
<!-- 匹配 -->
<div attr="val"></div>
<!-- 不匹配 -->
<div attr="text val"></div>
<!-- 匹配 -->
<div attr="value"></div>
<!-- 匹配 -->
<div attr="val-ue"></div>
```

使用细节

这种选择器可以匹配中文，如果匹配的中文不包含特殊字符（如空格等），则引用中文的引号是可以省略的，例如：

```
[title^=我] {}
```

下面的 HTML 代码是可以匹配的：

```html
<!-- 可以匹配 -->
<div title="我 帅">我帅</div>
```

理论上可以匹配空格，但由于 IE 浏览器会自动移除属性值首尾的空格，因此会有兼容性问题，例如，下面的样式可以对 HTML 格式进行验证：

```css
/*高亮类属性值包含多余空格的元素*/
[class^=" "] {
    outline: 1px solid red;
}
```

下面的 HTML 代码在 Firefox 浏览器和 Chrome 浏览器下是匹配的，在 IE 浏览器下不匹配：

```html
<!-- IE 不匹配，其他浏览器匹配 -->
<div class=" active ">测试</div>
```

空字符串一定无效。

```css
/* 无效 */
[value^=""] {}
```

实际开发中，开头正则匹配属性选择器用得比较多的地方是判断<a>元素的链接地址类型，也可以用来显示对应的小图标，例如：

```css
/* 链接地址 */
[href^="http"],
[href^="ftp"],
[href^="//"] {
    background: url(./icon-link.svg) no-repeat left;}
/* 网页内锚链 */
[href^="#"] {
    background: url(./icon-anchor.svg) no-repeat left;
}
/* 手机和邮箱 */
[href^="tel:"] {
    background: url(./icon-tel.svg) no-repeat left;
}
[href^="mailto:"] {
    background: url(./icon-email.svg) no-repeat left;
}
```

2. [attr$="val"]

[attr$="val"]表示匹配 attr 属性值以字符 val 结尾的元素。例如：

```html
<!-- 匹配 -->
<div attr="val"></div>
<!-- 匹配 -->
<div attr="text val"></div>
<!-- 不匹配 -->
<div attr="value"></div>
<!-- 不匹配 -->
<div attr="val-ue"></div>
```

该选择器的使用细节和[attr^="val"]的一致，这里不再赘述。

在实际开发中，结尾正则匹配属性选择器用得比较多的地方是判断<a>元素的链接的文件类型，也可以用来显示对应的小图标。例如：

```css
/* 指向 PDF 文件 */
[href$=".pdf"] {
    background: url(./icon-pdf.svg) no-repeat left;
}
/* 下载 zip 压缩文件 */
[href$=".zip"] {
    background: url(./icon-zip.svg) no-repeat left;
}
/* 图片链接 */
[href$=".png"],
[href$=".gif"],
[href$=".jpg"],
[href$=".jpeg"],
[href$=".webp"] {
    background: url(./icon-image.svg) no-repeat left;
}
```

3. `[attr*="val"]`

`[attr*="val"]`表示匹配 attr 属性值包含字符 val 的元素。例如：

```html
<!-- 匹配 -->
<div attr="val"></div>
<!-- 匹配 -->
<div attr="text val"></div>
<!-- 匹配 -->
<div attr="value"></div>
<!-- 匹配 -->
<div attr="val-ue"></div>
```

它也可以用来匹配链接元素是否是外网地址，例如：

```css
a[href*="//"]:not([href*="example.com"]) {}
```

此外，它还可以用来匹配 style 属性值，这在实际开发中用得非常多。例如，我们想知道一个参与 JavaScript 交互的元素是否隐藏，可以这样处理：

```css
/* 该元素隐藏 */
[style*="display: none"] {}
```

关于 style 属性值匹配的细节

当使用 JavaScript 给 DOM 元素设置样式的时候，例如：

```js
dom.style.display = 'none';
```

无论是什么浏览器，样式的属性和值之间都会有美化用的空格，也就是说，HTML 代码会是下面这样的：

```html
<div style="display: none;"></div>
```

因此，需要使用下面的写法进行匹配：

```
[style*="display: none"] {}
```

其他 CSS 声明的匹配也是类似的。

但是，如果是手写的 `style` 值，而且没有用空格，就像下面这样：

```
<div style="display:none;"></div>
```

那么在 Chrome 浏览器和 Firefox 浏览器下，需要严格按照手写字符匹配：

```
[style*="display:none"] {}
```

但是 IE 浏览器会自动格式化 HTML 属性值，所以我们还是使用带有空格的方式匹配。如果项目需要兼容 IE 浏览器，则两种匹配都需要：

```
[style*="display:none"],
[style*="display: none"] {}
```

如果项目需要兼容 IE8 浏览器，还需要再增加一行匹配：

```
[style*="display:none"],
[style*="display: none"],
[style*="DISPLAY: none"] {}
```

这是因为 IE8 浏览器在格式化 `style` 属性值的时候，把 CSS 属性名转换成大写了，属性值匹配选择器默认是严格区分大小写的。

6.3.2 CSS 属性选择器搜索过滤技术

我们可以借助属性选择器来辅助实现搜索过滤效果，如搜索通讯录、城市列表，这样做性能高，代码少。

HTML 结构如下：

```
<input type="search" placeholder="输入城市名称或拼音" />
<ul>
    <li data-search="重庆市 chongqing">重庆市</li>
    <li data-search="哈尔滨市 haerbin">哈尔滨市</li>
    <li data-search="长春市 changchun">长春市</li>
    ...
</ul>
```

此时，当我们在输入框中输入内容的时候，只要根据输入内容动态创建如下 CSS 代码就可以实现搜索匹配效果了，无须自己写代码进行匹配验证。

```
var eleStyle = document.createElement('style');
document.head.appendChild(eleStyle);
// 文本框输入
input.addEventListener("input", function() {
```

```
    var value = this.value.trim();
    eleStyle.innerHTML = value ? '[data-search]:not([data-search*="'+ value +'"])
{ display: none; }' : '';
});
```

最终效果如图 6-1 所示。

图 6-1　属性选择器与搜索过滤

读者可以手动输入 https://demo.cssworld.cn/selector2/6/3-1.php 或扫描下面的二维码体验与学习。

6.4　忽略属性值大小写的正则匹配运算符

正则匹配运算符是属性选择器中新增的运算符，它可以忽略属性值的大小写，使用字符 `i` 或者 `I` 作为运算符值，但约定俗成都以小写字母 `i` 作为运算符。语法如下：

```
[attr~="val" i] {}
[attr*="val" i] {}
```

作为对比示意，假设有选择器 `[attr*="val"]`，则：

```
<!-- 不匹配 -->
<div attr="VAL"></div>
<!-- 匹配 -->
<div attr="Text val"></div>
<!-- 不匹配 -->
<div attr="Value"></div>
<!-- 不匹配 -->
<div attr="Val-ue"></div>
```

如果选择器是 `[attr*="val" i]`，则：

```
<!-- 匹配 -->
<div attr="VAL"></div>
<!-- 匹配 -->
<div attr="Text val"></div>
<!-- 匹配 -->
<div attr="Value"></div>
<!-- 匹配 -->
<div attr="Val-ue"></div>
```

可以看到，属性值的大小写被忽略了。

属性值大小写不敏感运算符 `i` 目前可以在无须兼容 IE 浏览器的项目中放心使用，尤其在搜索匹配用户昵称或者账户名的时候非常有用，因为用户昵称大小写字母混杂的场景非常常见。因此，6.3.2 节介绍的利用属性选择器实现搜索功能的技术可以把运算符 `i` 也包含进去，也就是：

```
[data-search]:not([data-search*="value" i]) {
  display: none;
}
```

第 7 章

常见交互行为的实现

到目前为止，我们学习了使用常见的选择器匹配对应的 HTML 元素，并以此书写对应的 CSS 属性，这样就可以实现纯展示用的网页布局效果了。

然而，现实中只有少部分网页是纯展示用的，大多数网页需要参与用户的交互行为。虽然几乎所有的交互效果都可以用 JavaScript 实现，但是有些简单的交互用 JavaScript 实现成本过高。例如鼠标光标经过一个链接时希望链接变色，点击某个按钮时希望显示列表等，这种频繁出现的与用户行为密切相关的小交互如果都用 JavaScript 实现，一来代码啰唆，二来性能不佳。

此时，最方便的实现莫过于使用 CSS 伪类了。从本章开始将详细介绍 CSS 伪类，CSS 伪类是 CSS 选择器中最有趣的部分，本书中会介绍不少读者不知道的高级技巧和应用知识。

本章将介绍如何使用用户行为伪类实现常见的交互行为。用户行为伪类是指与用户行为相关的一些伪类，例如，经过:hover、按下:active 以及聚焦:focus 等。

掌握了本章的内容，即使读者不会编写 JavaScript 代码，也能驾驭绝大多数静态页面的开发。

7.1 :hover 伪类与悬停交互开发

:hover 是各大浏览器最早支持的伪类之一，最早只能用在<a>元素上，其设计的初衷是改变链接元素的颜色：

```
a { color: blue; }
a:hover { color: darkblue; }
```

由于:hover 实现浮层元素的显示与隐藏效果非常方便，于是当时出现了很怪异的现象：<a>元素满天飞，甚至<a>元素里面嵌套<div>元素以实现悬停交互效果，完全不符合 HTML 元素原本语义。例如：

```
<a href="javascript:void(0)">
  菜单
  <div class="list">列表</div>
<a>
list { display: none; position:absolute; }
a:hover .list { display: block; }
```

CSS 所有新特性的出现都源自用户需求和开发需求。同样，当意识到仅<a>元素支持:hover 伪类非常影响开发效率之后，浏览器迅速跟进升级。目前，所有主流浏览器中，:hover 伪类已经可以在任意 HTML 元素中使用了，其中包括自定义元素：

```
x-element:hover {}
```

需要注意的是，如果是移动端开发，强烈建议不要使用:hover 伪类实现交互效果，因为对于手机和 iPad 这类移动设备，常见的交互操作都通过触屏，而不是鼠标。虽然在这些设备上，:hover 也能触发，但消失并不敏捷，体验反而不佳。

实际上，判断一个设备是否适合使用:hover 伪类，不是看设备尺寸，也不是看设备类型，而是看设备是否连接了鼠标，因为触屏设备也可能连接鼠标，而桌面端网页也可能在触屏设备下访问。

因此，我的建议是，:hover 伪类最好在支持 hover 交互的场景下使用，我们可以使用对应的媒体查询语句实现，例如：

```
@media (hover: hover) {
  .list { display: none; }
  .box:hover .list { display: block; }
}
```

然而，在 hover 交互中，元素单纯的 display 显隐变化有时候并不是最佳实现，其中有不少可以优化的地方。

7.1.1　体验优化与 :hover 延时

用:hover 实现一些浮层类效果并不难，但是很多人在实现的时候没有注意到可以通过增加:hover 延时来增强交互体验。

CSS :hover 触发是即时的，于是，当用户操作鼠标在页面上经过的时候，会出现浮层覆盖目标元素的情况，如图 7-1 所示，本来目标是上面的删除按钮，结果鼠标光标经过下面的删除图标的时候，浮层把上面的按钮覆盖了。

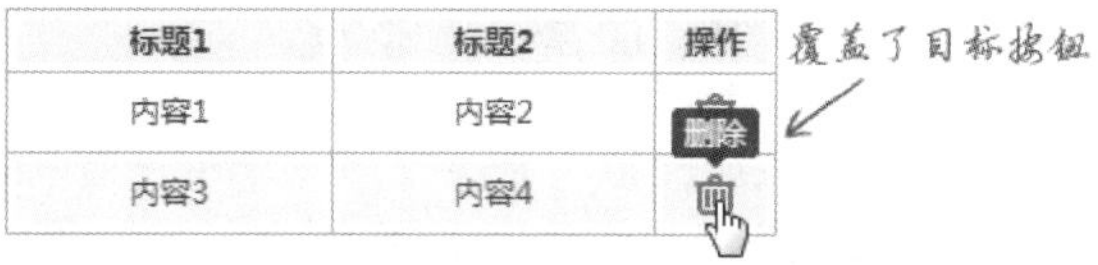

图 7-1　hover 浮层覆盖目标元素的体验问题

可以通过增加延时来优化这种体验，方法是使用 visibility 属性实现元素的显隐，然后借助 CSS transition 设置延时显示即可。

例如：

```css
.icon-delete::before,
.icon-delete::after {
    transition: visibility 0s .2s;
    visibility: hidden;
}
.icon-delete:hover::before,
.icon-delete:hover::after {
    visibility: visible;
}
```

此时，当鼠标光标经过下面的删除按钮的时候，浮层不会立即显示，也就不会发生误触碰导致浮层覆盖的体验问题了。读者可以手动输入 https://demo.cssworld.cn/selector2/7/1-1.php 查看优化后的效果。

7.1.2 非子元素的 :hover 显示

当借助 :hover 伪类实现下拉列表效果的时候，相信很多人都是通过父子选择器控制的。例如：

```css
.datalist {
    display: none;
}
.datalist-x:hover .datalist {
    display: block;
}
```

然而实际开发中有时候不方便嵌套标签，此时，我们可以借助相邻兄弟选择符实现类似的效果。举个简单的例子，实现鼠标经过链接时预览图片的交互效果。

```html
<a href>图片链接</a>
<img src="1.jpg">
```

我们的目标是鼠标经过链接的时候图片一直保持显示，CSS 代码其实很简单：

```css
img {
    display: none;
    position: absolute;
}
a:hover + img,
img:hover {
    /*鼠标经过链接或鼠标经过图片时，图片自身都保持显示 */
    display: inline;
}
```

上述内容一目了然，就不多解释了，主流浏览器都兼容这个伪类，可以放心使用。最终效果如图 7-2 所示。

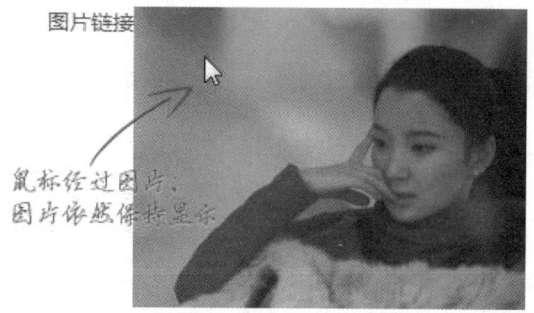

图 7-2 hover 链接显示兄弟图片元素

本示例配有演示页面（桌面浏览器访问），读者可以手动输入 https://demo.cssworld.cn/selector/7/1-2.php 体验与学习。

然而，上面的实现有一个缺陷，那就是如果浮层图片和触发 hover 的链接元素中间有间隙，则会导致鼠标光标尚未移动到图片时图片就隐藏起来，从而无法持续显示。这个问题也是有办法解决的，那就是借助 CSS transition 增加延时。

由于 transition 属性对 display 无过渡效果，而对 visibility 有过渡效果，因此，图片默认隐藏需要改成 visibility:hidden，CSS 代码如下：

```css
img {
    /* 拉开间隙，测试用 */
    margin-left: 20px;
    /* 使用 visibility 隐藏 */
    position: absolute;
    visibility: hidden;
    /* 设置延时 */
    transition: visibility .2s;
}
a:hover + img,
img:hover {
    visibility: visible;
}
```

最终效果如图 7-3 所示。

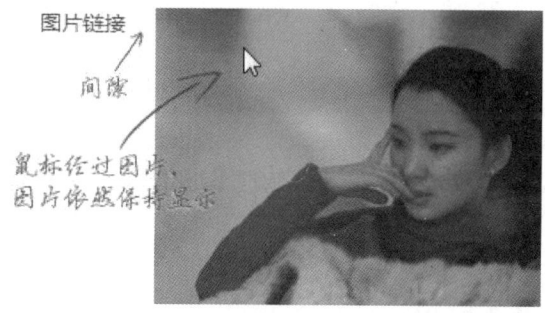

图 7-3 hover 链接显示有间隙的兄弟图片元素

本示例配有演示页面（桌面浏览器访问），读者可以手动输入 https://demo.cssworld.cn/selector/7/1-3.php 体验与学习。

7.1.3 纯 :hover 显示浮层的体验问题

纯 :hover 显示浮层的体验问题是很多开发人员未曾意识到的。例如，某开发人员使用 :hover 伪类实现一个下拉列表功能，利用纯 CSS 实现，殊不知已经埋下了巨大的隐患。

:hover 交互在有鼠标的时候确实很方便，但是如果用户的鼠标坏了，或者设备本身没有鼠标（如触屏设备、智能电视），则纯 :hover 实现的下拉列表功能会完全失效，根本无法使用，这是会使用户抓狂的非常糟糕的体验。

对于带有交互的行为，一定不能只使用 :hover 伪类，而需要额外的处理。

对于 7.1.1 节中的删除按钮的提示信息，我们可以通过增加 :focus 伪类来优化体验，如下：

```css
.icon-delete::before,
.icon-delete::after {
    transition: visibility 0s .2s;
    visibility: hidden;
}
.icon-delete:hover::before,
.icon-delete:hover::after {
    visibility: visible;
}
/* 提升用户体验 */
.icon-delete:focus::before,
.icon-delete:focus::after {
    visibility: visible;
    transition: none;
}
```

此时，使用键盘上的 Tab 键聚焦删除按钮，可以看到提示信息依然出现了，如图 7-4 所示。如果不加 :focus 伪类，则用户无法感知提示信息。

图 7-4　focus 按钮显示提示信息

眼见为实，读者可以手动输入 https://demo.cssworld.cn/selector2/7/1-4.php 体验与学习。

但是，对于本身就带有链接或按钮的浮层元素，使用 :focus 伪类是不可行的，因为虽然可以触发浮层的显示，但是浮层内部的链接和按钮无法被点击，这是由于通过键盘切换焦点元素时浮层会因失焦而迅速隐藏。不过这是有其他解决方法的，那就是使用整体焦点伪类 :focus-within，详见 7.4 节。

目前 IE 浏览器并不支持 :focus-within，那么对于需要兼容 IE 浏览器的项目又该怎么处理呢？我的建议是忽略，因为使用 IE 浏览器且又无法使用鼠标操作的场景非常少见。因此，我们只使用 :focus-within 来增强键盘访问体验即可。

当然，如果你的产品面向的用户体量很大，要想实现精益求精，在 IE 浏览器下使用键盘访问也能完美无误，则免不了使用 JavaScript 代码额外实现点击交互了。总而言之，如果悬停交互显示的内容非常重要，一定要额外用点击交互兜底，以确保 :hover 伪类在无法触发时这部分内容也能正常显示。

7.2 使用 :active 伪类实现点击反馈

本节将介绍 :active 伪类相关的基础知识、实现技巧和高级应用。

7.2.1 :active 伪类概述

:active 伪类可以用于设置元素激活状态的样式，可以通过点击鼠标主键或者用手指或者触控笔点击触摸屏触发激活状态。具体表现如下，按下触发 :active 伪类样式，抬起取消 :active 伪类样式的应用。:active 伪类支持任意 HTML 元素，例如 <div>、<span> 等非控件元素，甚至是自定义元素：

```
p:active {
    background-color: skyblue;
}
x-element:active {
    background-color: teal;
}
```

然而，落地实现时 :active 伪类并没有理论上那么完美，表现为以下 3 点。

（1）IE 浏览器下 :active 样式的应用是无法冒泡的，例如：

```
img:active {
    outline: 30px solid #ccc;
}
p:active {
    background-color: teal;
}
<p><img src="1.jpg"></p>
```

此时，点击 <img> 元素的时候，在 IE 浏览器下，<p> 元素是不会触发 :active 伪类样式的，实际上祖先元素的 :active 样式也应当被应用；在 Chrome 和 Firefox 等浏览器下，其表现符合预期。

（2）在 IE 浏览器下，<html>、<body> 元素应用 :active 伪类设置背景色后，背景色是无法还原的。具体来说，鼠标键按下时确实应用了 :active 设置的背景色，但是抬起后背景色没有还原，而且此时无论怎么点击鼠标，背景色都无法还原。这是一个很奇怪的 bug，普通元素不会有此问题，这个问题甚至比在 IE7 浏览器下链接元素必须失焦才能取消 :active 样式还要糟糕。

```
/* IE 浏览器下以下:active 背景色样式一旦应用就无法还原 */
body:active { background-color: gray; }
html:active { background-color: gray }
:root:active { background-color: gray; }
```

但是其他一些 CSS 属性表现正常，例如：

```
/* IE 浏览器下以下:active 样式正常 */
body:active { color: red; }
html:active { color: red; }
:root:active { color: red; }
```

（3）移动端 Safari 浏览器下，:active 伪类默认是无效的，需要设置任意的 touch 事件才能支持。我们可以添加如下一行 JavaScript 代码：

```
document.body.addEventListener('touchstart', function() {});
```

此问题在 Safari 浏览器 16.3 版本下依然存在，当然，可能在之后的版本中会有所优化。就好比在之前的 Safari 浏览器中，:active 样式应用的时机有些问题，但是最近几个大版本中已经优化了。因此，推荐在 Safari 浏览器下使用原生的 -webkit-tap-highlight-color 属性实现触摸反馈就过时了：

```
body {
    -webkit-tap-highlight-color: rgba(0,0,0,.05);
}
```

现在更推荐使用 :active 伪类实现点击反馈效果，因为同一套 CSS 适用于所有浏览器，包括桌面端浏览器。

```
body {
    -webkit-tap-highlight-color: transparent;
}
.cs-element:active {
    /* 点击反馈 */
}
```

另外，键盘访问无法触发 :active 伪类。例如，<a> 元素在 focus 状态下按下 Enter 键的事件行为与点击一致，但是，不会触发 :active 伪类。

最后，:active 伪类的主要作用是反馈点击交互，让用户知道他的点击行为已经成功触发，这对于按钮和链接元素是必不可少的，否则会有体验问题。由于 :active 伪类作用在按下的那一段时间，因此不适合用来实现复杂交互。

7.2.2 按钮的通用 :active 样式技巧

本技巧更适用的场景是移动端开发，因为桌面端可以通过 :hover 反馈状态变化，而移动

端只能通过 `:active` 反馈。一个移动端项目会有非常多需要点击反馈的链接和按钮,如果对每一个元素都设置 `:active` 样式,成本还是挺高的。这里介绍几个通用处理技巧,希望可以借此节约大家的开发时间。

一种是使用 `box-shadow` 内阴影,例如:

```css
[href]:active,
button:active {
    box-shadow: inset 0 0 0 999px rgba(0,0,0,.05);
}
```

这种方法的优点是可以兼容 IE9 浏览器,缺点是对非对称闭合元素无能为力,例如 `<input>` 按钮:

```html
<!-- 内阴影无效 -->
<input type="reset" value="重置">
<input type="button" value="按钮">
<input type="submit" value="提交">
```

另一种方法是使用 `linear-gradient` 线性渐变,例如:

```css
[href]:active,
button:active {
    background-image: linear-gradient(rgba(0,0,0,.05), rgba(0,0,0,.05));
}
```

这种方法的优点是对 `<input>` 按钮这类非对称闭合元素有效,缺点是 CSS 渐变从 IE10 浏览器才开始支持,如果你的项目仍需要兼容 IE9 浏览器,就会有一定的限制。

最后再介绍一种在特殊场景下使用的方法。有时候,链接元素包裹的是一张图片,如下:

```html
<a href><img src="1.jpg"></a>
```

如果 `<a>` 元素四周没有 `padding` 留白,则此时上面两种通用技巧都无效,因为 `:active` 样式被图片挡住了。对此,不少人会想到使用 `::before` 伪元素在图片上覆盖一层半透明色来模拟 `:active` 效果,但这种方法对父元素有依赖,无法作为通用样式使用,此时,可以试试 `outline`,如下:

```css
[href] > img:only-child:active {
    outline: 999px solid rgba(0,0,0,.05);
    outline-offset: -999px;
    clip-path: polygon(0 0, 100% 0, 100% 100%, 0 100%);
}
```

这种方法的优点是 CSS 的冲突概率极低,对非对称闭合元素有效。缺点是不适合需要兼容 IE 浏览器的产品,因为虽然 IE8 浏览器就已经支持 `outline` 属性,但是 `outline-offset` 从 Edge 15 才开始被支持。另外还有一个缺点是,`outline` 模拟的反馈浮层并不是位于元素的底层,而是位于元素的上层,且可以被绝对定位子元素穿透,因此不适合用在包含复杂 DOM 信息的元素中,但是特别适用于图片这类单一元素。

总结一下，outline 实现 :active 反馈适合移动端，适合图片元素。

另外，还可以使用 border-image 属性代替 background-image 属性绘制渐变进行模拟。不过 border-image 属性的语法有些复杂，且会影响正常边框的显示，因此这里不展开介绍，大家若是好奇，可以阅读《CSS 新世界》对应的章节。

在实际开发中，大家可以根据自己的需求组合使用上面的几个技巧，以确保所有的控件元素都有点击反馈。例如：

```
body {
    -webkit-tap-highlight-color: rgba(0,0,0,0);
}
[href]:active,
button:active {
    background-image: linear-gradient(rgba(0,0,0,.05), rgba(0,0,0,.05));
}
[href] img:active {
    outline: 999px solid rgba(0,0,0,.05);
    outline-offset: -999px;
    clip-path: polygon(0 0, 100% 0, 100% 100%, 0 100%);
}
```

对了，我想起来了，还有一招，那就是 `<img>` 元素的点击反馈，我还经常使用 `filter` 滤镜属性实现，这种方法简单、快捷，效果很不错。

```
img:active {
    filter: brightness(0.95);
}
```

7.2.3 :active 伪类与 CSS 数据上报

如果想要知道两个按钮的点击率，CSS 开发人员可以自己动手，无须劳烦 JavaScript 开发人员去埋点：

```
.button-1:active::after {
    content: url(./pixel.gif?action=click&id=button1);
    display: none;
}
.button-2:active::after {
    content: url(./pixel.gif?action=click&id=button2);
    display: none;
}
```

此时，点击按钮，相关行为数据就会上报给服务器，这种上报，就算禁用 JavaScript 也无法阻止，方便快捷，特别适合 A/B 测试。

7.3 聚焦行为伪类:focus 与用户体验

:focus 是一个从 IE8 浏览器开始支持的伪类,它可以匹配当前处于聚焦状态的元素,例如,高亮显示处于聚焦状态的<textarea>输入框的边框:

```
textarea {
    border: 1px solid #ccc;
}
textarea:focus {
    border-color: HighLight;
}
```

这样的方式相信大家都用过,接下来深入介绍相关知识。

7.3.1 :focus 伪类匹配机制

与:active 伪类不同,:focus 伪类默认只能匹配特定的元素,包括:
- 非 disabled 状态的表单元素,如<input>输入框、<select>下拉框、<button>按钮等;
- 包含 href 属性的<a>元素;
- <area>元素,不过可以生效的 CSS 属性有限;
- HTML5 中的<summary>元素。

除上述特定元素之外,其他 HTML 元素应用:focus 伪类是无效的,例如:

```
body:focus {
    background-color: skyblue;
}
```

此时点击页面,<body>元素不会有背景色的变化(IE 浏览器的表现有问题,请忽略),虽然此时的 document.activeElement 就是<body>元素。

如何让普通元素也能响应:focus 伪类呢?设置了 HTML contenteditable 属性的普通元素可以应用:focus 伪类,例如:

```
<div contenteditable="true"></div>
<div contenteditable="plaintext-only"></div>
```

因为此时<div>元素是一个类似<textarea>元素的输入框。

设置了 HTML tabindex 属性的普通元素也可以应用:focus 伪类,例如,下面 3 种写法都是可以的:

```
<div tabindex="-1">内容</div>
<div tabindex="0">内容</div>
<div tabindex="1">内容</div>
```

如果期望<div>元素可以被 Tab 键索引，且被点击的时候可以触发 :focus 伪类样式，则使用 tabindex="0"；如果不期望<div>元素可以被 Tab 键索引，且只在它被点击的时候触发 :focus 伪类样式，则使用 tabindex="-1"。对于普通元素，不存在使用自然数作为 tabindex 属性值的场景。

既然普通元素也可以响应 :focus 伪类，是不是可以利用这种特性实现任意元素的点击下拉效果呢？

如果纯展示下拉内容，无交互效果是可以的，例如，实现点击二维码图标时显示完整二维码图片的交互效果：

```
<img src="icon-qrcode.svg" tabindex="0">
<img class="img-qrcode" src="qrcode.png">

.img-qrcode {
  position: absolute;
  display: none;
}
:focus + .img-qrcode {
  display: inline;
}
```

读者可以手动输入 https://demo.cssworld.cn/selector2/7/3-1.php 或扫描下面的二维码体验与学习。

可以看到，点击小图标，二维码图片会显示（如图 7-5 所示），点击空白处，图片又会隐藏，这正是我们需要的效果。

图 7-5　点击小图标显示二维码图片

但实际上，使用 :focus 控制元素的显隐并不完美，在 iOS Safari 浏览器下，元素一旦处于 focus 状态，除非点击其他可聚焦元素来转移 focus 焦点，否则这个元素会一直保持 focus 状态。各个桌面浏览器、Android 浏览器均无此问题。不过这个问题也好解决，只需要对祖先容

器元素设置 `tabindex="-1"`，同时取消该元素的 `outline` 样式，代码示意如下：

```
<body>
    <div class="container" tabindex="-1"></div>
</body>
.container {
    outline: 0 none;
}
```

这样，点击二维码图标以外的元素时就会把焦点转移到 `.container` 元素上，iOS Safari 浏览器的交互就表现正常了。如果在使用 JavaScript 进行开发的时候遇到 iOS Safari 浏览器不触发 `blur` 事件的问题，也可以用这种方法解决。需要注意的是，`tabindex="-1"`设置在`<body>`元素上是无效的。

但这个方法只适用于纯展示的下拉效果，如果下拉浮层内部有其他交互效果，此方法就有问题，要么失焦，要么焦点转移，都会导致下拉浮层的消失。遇到这种场景，可以使用 7.4 节将要介绍的整体焦点伪类`:focus-within`。

最后强调一点，一个页面最多有一个焦点元素，这就意味着一个页面最多只会有一个元素响应`:focus`伪类样式。

7.3.2 `:focus` 伪类与 `outline` 轮廓

本节将深入介绍`:focus` 伪类与 `outline` 轮廓之间的关系。

1. 一个糟糕的做法

先来看看下面这样糟糕的样式代码：

```
* { outline: 0 none; }
```

或者

```
a { outline: 0 none; }
```

在多年前的 IE 浏览器时代，点击任意链接或者按钮时都会出现一个虚框轮廓，影响美观。在 Chrome 浏览器下，当设置了背景的`<button>`元素、`<summary>`元素以及设置了 `tabindex` 属性的普通元素被点击的时候，也会显示浏览器默认的外发光轮廓（现在的 Chrome 浏览器已经修改了这个交互设计）。

于是就有人想到将 `outline` 重置为 `none`，其出发点是好的，也是可以理解的，但是结果是糟糕的，既没必要，又带来了不良的用户体验。

说没必要是因为所有浏览器都已经优化了控件元素的 `outline` 交互体验，也就是点击链接或按钮时不会有轮廓，只有键盘访问时才会有。

说不良的用户体验，指的是一旦设置了 `outline:none`，这些控件元素再也无法使用键盘进行无障碍访问。这是由于在默认情况下，当用户使用 Tab 键或者方向键遍历链接和按钮元素的时候，会让这些元素处于 focus 状态，同时触发 outline 样式的渲染，要么是外发光效果，要么是虚框效果，但是如果这些元素的 outline 轮廓被清除，那么用户使用键盘访问网页的时候，根本无法知道现在到底哪个元素处于 focus 状态，从而迷失在页面上，这是极其糟糕的用户体验。

我想，有人可能会说："我也不想重置 outline 属性，但是浏览器默认的轮廓效果太难看了，达不到产品和设计要求啊"。实际上，不是说 outline 属性不能重置，而是一定要确保元素匹配 :focus 伪类的时候有明显的样式变化。例如，如果希望聚焦表单输入框的时候呈现的不是黑色边框或外发光效果，而是边框高亮显示，则可以：

```css
textarea:focus {
    outline: 0 none;
    border-color: HighLight;
}
```

2. 模拟浏览器原生的 focus 轮廓

在实际开发过程中，难免会遇到需要模拟浏览器原生聚焦轮廓的场景，Chrome 浏览器下是外发光或者黑色粗轮廓（取决于操作系统和浏览器的版本），IE 浏览器和 Firefox 浏览器下则是虚点。理论上，使用如下 CSS 代码是最准确的：

```css
:focus {
    outline: 1px dotted;
    outline: 5px auto -webkit-focus-ring-color;
}
```

对于一些小图标，可能会设置 color:transparent，还有一些按钮的文字颜色稍浅，这会导致 IE 浏览器和 Firefox 浏览器下虚框轮廓不可见，因此，在实际开发的时候，建议指定虚线颜色：

```css
:focus {
    outline: 1px dotted HighLight;
    outline: 5px auto -webkit-focus-ring-color;
}
```

7.3.3　CSS :focus 伪类与键盘无障碍访问

:focus 伪类与键盘无障碍访问密切相关，因此，实际上需要使用 :focus 伪类的场景比预想的多。

1. 为什么不建议使用<span>或<div>按钮

<span>元素或者<div>元素也能模拟按钮的 UI 效果，但并不建议使用。一来原生的<button>元素可以触发表单提交行为，使表单可以原生支持 Enter 键；二来原生的<button>

元素天然可以被键盘聚焦，确保我们的页面可以纯键盘无障碍访问。

但是`<span>`或者`<div>`按钮是没有上面这些行为的，如果要支持这些比较好的原生特性，要么需要额外的 JavaScript 代码，要么需要额外的 HTML 属性设置。例如，`tabindex="0"`支持 Tab 键索引，`role="button"`支持屏幕阅读器识别等。

总之，使用`<span>`或者`<div>`模拟按钮的 UI 效果是一件高成本低收益的事情，不到万不得已，没有使用`<span>`或者`<div>`模拟按钮的理由。如果你认为按钮本身的兼容性不够好，可以使用`<label>`元素模拟，使用 `for` 属性进行关联，例如：

```css
<input id="submit" type="submit">
<label class="button" for="submit">提交</label>
[type="submit"] {
    position: absolute;
    clip: rect(0 0 0 0);
}
.button {
    /* 按钮样式... */
}
/* focus 轮廓转移 */
:focus + .button {
    outline: 1px dotted HighLight;
    outline: 5px auto -webkit-focus-ring-color;
}
```

使用`<label>`元素模拟按钮的效果既保留了语义和原生行为，视觉上又完美兼容。

2. 模拟表单元素的键盘可访问性

`[type="radio"]`、`[type="checkbox"]`、`[type="range"]`类型的`<input>`元素的 UI 往往不符合网站的设计风格，需要自定义样式，常规实现一般都没问题，关键是很多开发人员会忘了键盘的无障碍访问。

以`[type="checkbox"]`复选框为例：

```css
<input id="checkbox" type="checkbox">
<label class="checkbox" for="checkbox">提交</label>
```

我们需要隐藏原生的`[type="checkbox"]`复选框，使用关联的`<label>`元素自定义的复选框样式（如果不需要兼容 IE 和 IE Edge 浏览器，则无须`<label>`元素模拟）。

关键 CSS 代码如下：

```css
[type="checkbox"] {
    position: absolute;
    clip: rect(0 0 0 0);
}
.checkbox {
    border: 1px solid gray;
}
/* 聚焦时记得高亮显示自定义输入框 */
```

```
:focus + .checkbox {
    border-color: skyblue;
}
```

这类自定义实现有两个关键点。

（1）对于原生复选框元素的隐藏，要么设置透明度 opacity:0，要么剪裁，千万不要使用 visibility:hidden 或者 display:none 进行隐藏，虽然 IE9 及以上版本的浏览器的功能是正常的，但是这两种隐藏是无法被键盘聚焦，键盘不可访问。

（2）不要忘记在原生复选框聚焦的时候高亮显示自定义的输入框元素，可以是边框高亮，或者外发光，通常都使用相邻兄弟选择符（+）实现，特殊情况下也可以使用兄弟选择符（~），如高亮多个元素时。

市面上有不少 UI 框架，如何区分品质？很简单，使用 Tab 键索引页面元素，如果输入框有高亮显示，则这个 UI 框架比较专业，如果什么反应都没有，建议换一种 UI 框架。

3．容易忽略的鼠标光标经过行为的键盘可访问性

键盘的可访问性在 7.1.3 节介绍 :hover 伪类的时候提过，需要同时设置 :focus 伪类来提高键盘的可访问性，如图 7-6 所示。

图 7-6　设置 :focus 伪类以增强键盘的可访问性

这里再介绍另一种非常容易被忽略的影响用户体验的交互实现。

为了版面的整洁，列表中的操作按钮默认会隐藏，当鼠标光标经过列表的时候才显示，如图 7-7 所示。

栏目1	栏目2	
栏目1	栏目2	删除
栏目1	栏目2	

图 7-7　鼠标光标经过时显示列表按钮

很多人在实现的时候并没有考虑很多，直接使用 display:none 隐藏或者 visibility:hidden 隐藏，结果导致无法通过键盘使隐藏的控件元素显示，因为这两种隐藏方式会使元素无法被聚焦，如何应对这种情况呢？可以试试使用 opacity（透明度）控制内容的显隐，这样就可以通过 :focus 伪类使按钮在被键盘聚焦的时候可见，例如：

```
tr .button {
    opacity: 0;
```

```
}
tr:hover .button,
tr .button:focus {
    opacity: 1;
}
```

效果如图 7-8 所示。

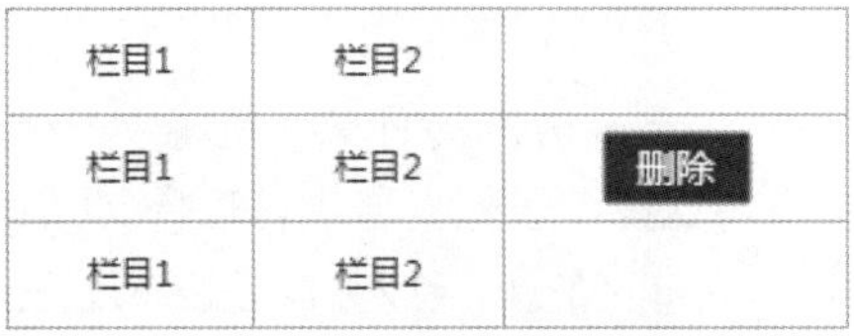

图 7-8 focus 时也能显示列表按钮

本示例配有演示页面（桌面浏览器访问），读者可以手动输入 https://demo.cssworld.cn/selector2/7/3-2.php 体验和学习。

7.4 非常实用的整体焦点伪类：`focus-within`

整体焦点伪类：`focus-within` 非常实用，且兼容性不错（如表 7-1 所示），目前已经可以在实际项目中使用，包括移动端项目和无须兼容 IE 浏览器的桌面端项目。

表 7-1 `focus-within` 伪类的兼容性（数据源自 Caniuse 网站）

浏览器	IE	Edge	Firefox	Chrome	Safari	iOS Safari	Android Browser
兼容的浏览器版本	✘	12-18 ✘ 79+ ✔	52+ ✔	60+ ✔	10.1+ ✔	10.3+ ✔	5-6.x ✔

7.4.1 `:focus-within` 伪类和 `:focus` 伪类的区别

CSS `:focus-within` 伪类和 `:focus` 伪类有很多相似之处，那就是伪类样式的匹配离不开元素聚焦行为的触发。区别在于，`:focus` 伪类样式只有在当前元素处于聚焦状态的时候才匹配，而 `:focus-within` 伪类样式在当前元素或者当前元素的任意子元素处于聚焦状态的时候均匹配。

举个例子：

```css
form:focus {
  outline: solid;
}
```

表示仅当<form>元素处于聚焦状态的时候，<form>元素的outline（轮廓）才会出现。

```css
form:focus-within {
  outline: solid;
}
```

表示<form>元素自身或者<form>元素内部的任意子元素处于聚焦状态时，<form>元素的outline（轮廓）均会出现。换句话说，子元素聚焦可以使父元素的样式发生变化。

这是 CSS 选择器世界中很了不起的革新，因为:focus-within 伪类的行为本质上是一种父选择器行为，子元素的状态会影响父元素的样式。由于这种父选择器行为需要借助用户的行为触发，属于"后渲染"，不会与现有的渲染机制冲突，自然也不会带来性能问题，因此浏览器在规范出现后不久就快速支持了。

7.4.2 :focus-within 伪类实现无障碍访问的下拉列表

:focus-within 伪类非常实用，一方面它可以用在表单控件元素上（无论是样式自定义还是交互布局），例如输入框聚焦时高亮显示前面的描述文字，我们可以不把描述文字放在输入框的后面（具体见 5.4.2 节中的示例），按正常的 DOM 顺序即可：

```html
<div class="cs-normal">
    <label class="cs-label">用户名：</label><input class="cs-input">
</div>
```
```css
.cs-normal:focus-within .cs-label {
    color: darkblue;
    text-shadow: 0 0 1px;
}
```

效果如图 7-9 所示。

图 7-9　输入框聚焦，前面的文字被高亮显示

读者可以手动输入 https://demo.cssworld.cn/selector2/7/4-1.php 或扫描下面的二维码体验与学习。

另一方面，它可以用于实现完全无障碍访问的下拉列表，即使下拉列表中有其他链接或按钮也能正常访问。例如，要实现一个类似图 7-10 所示的下拉列表效果。

图 7-10　带有其他交互的下拉列表效果示意

HTML 结构如下：

```
<div class="cs-details">
    <a href="javascript:" class="cs-summary">我的消息</a>
    <div class="cs-datalist">
        <a href>我的回答<sup>12</sup></a>
        <a href>我的私信</a>
        <a href>未评价订单<sup>2</sup></a>
        <a href>我的关注</a>
    </div>
</div>
```

我们在父元素 .cs-details 上使用 :focus-within 伪类来控制下拉列表的显示和隐藏，如下：

```
.cs-datalist {
    display: none;
    position: absolute;
    border: 1px solid #ddd;
    background-color: #fff;
}
/* 下拉列表展开 */
.cs-details:focus-within .cs-datalist {
    display: block;
}
```

本例中共有 5 个 <a> 元素，其中一个用于触发下拉显示的 .cs-summary 元素，另外 4 个在下拉列表中。无论点击这 5 个 <a> 元素中的哪一个，都会触发父元素 .cs-details 设置的 :focus-within 伪类样式，因此可以让下拉列表一直保持显示状态；点击页面任意空白处，下拉列表自动隐藏，效果非常理想。

读者可以手动输入 https://demo.cssworld.cn/selector2/7/4-2.php 或扫描下面的二维码体验与学习。

可以肯定的是，以后对于这类下拉交互，采用:focus-within伪类实现会是约定俗成的标准解决方案。

7.5 键盘焦点伪类:focus-visible

:focus-visible伪类虽然和:focus-within伪类看起来很相似，但两者的作用大相径庭，被浏览器开始支持的时间也有较大区别::focus-within伪类已被浏览器支持很多年了，而:focus-visible伪类则在2022年3月才被所有现代浏览器支持，详见表7-2。

表7-2 :focus-visible伪类的兼容性（数据源自Caniuse网站）

浏览器	IE	Edge	Firefox	Chrome	Safari	iOS Safari	Android Browser
兼容的浏览器版本	✘	12-18 ✘ 86+ ✔	85+ ✔	86+ ✔	15.4+ ✔	15.4+ ✔	5-6.x（需自动升级）✔

和撰写本书第1版的时候相比，:focus-visible伪类的作用被大大削弱了，这是怎么回事呢？下面详细说明。

:focus-visible伪类的作用及背景变化

:focus-visible伪类匹配的场景是元素聚焦，同时浏览器认为聚焦轮廓应该显示。

是不是很拗口？规范就是这么定义的。:focus-visible的规范并没有强行约束匹配逻辑，而是交给了UA（也就是浏览器）。我们将通过真实的示例来解释这个伪类是做什么用的。

在所有现代浏览器下，鼠标点击链接元素<a>的时候是不会出现焦点轮廓的，但是使用键盘访问的时候会出现。点击链接元素时只会触发:focus伪类，而键盘访问此链接元素时不仅会触发:focus伪类，还会触发:focus-visible伪类。例如下面这段测试代码：

```
<a href class="link">看看我的轮廓什么样子？</a>

.link:focus {
    outline: dotted;
```

```
}
.link:focus-visible {
    outline: dashed deepskyblue;
}
```

结果点击链接元素的时候，链接的轮廓是粗实线，而使用键盘访问的时候（例如使用 Tab 键索引）则是天蓝色虚线，如图 7-11 所示。

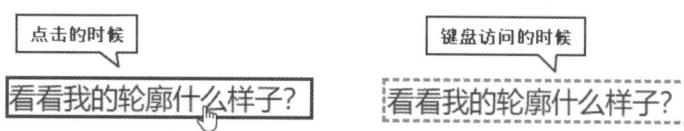

图 7-11　不同交互行为下不同的轮廓效果

眼见为实，读者可以手动输入 https://demo.cssworld.cn/selector2/7/5-1.php 或扫描下面的二维码体验与学习。

这就是 :focus-visible 伪类的作用，可以用来区分用户的操作是鼠标点击，还是键盘访问。不过，这种判断并不完全准确，因为 :focus-visible 伪类匹配与否是浏览器自行决定的，没有特定的规范。目前看来，浏览器会出现默认轮廓的场景都会匹配 :focus-visible 伪类。

在 Chrome90 版本之前的浏览器下，有些元素的焦点轮廓就算是在点击操作下也会出现的。包括下面这些场景：

- 设置了背景的 `<button>` 按钮；
- HTML5 中的 `<summary>` 元素；
- 设置了 HTML tabindex 属性的元素。

在 Chrome 浏览器下点击鼠标的时候，以上 3 种场景中也会出现明显的焦点轮廓，如图 7-12 所示。

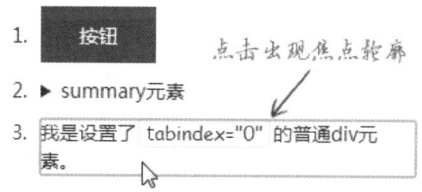

图 7-12　鼠标点击设置了 tabindex 属性的元素时出现焦点轮廓

这其实是我们不希望看到的，因为点击鼠标是目标明确的主动操作，此时出现轮廓是没有必要的，反而让操作界面变得难看了。

但是，又不能简单地通过设置 `outline:none` 来处理，因为这样会使使用键盘访问时应当出现的焦点轮廓被隐藏，从而带来严重的无障碍访问问题。

在这种场景下，`:focus-visible` 伪类可谓天降神兵，只需要一条短短的 CSS 规则就可以兼顾视觉表现和无障碍访问：

```
:focus:not(:focus-visible) {
    outline: 0;
}
```

此时，无论对于`<summary>`元素还是设置了 `tabindex` 属性的元素，在点击的时候都不会出现轮廓，同时，键盘访问时的 `outline` 轮廓依然保留，两全其美。

当然，由于现在的 Chrome 浏览器和 Safari 浏览器默认点击`<button>`按钮或者`<summary>`元素时都不会出现轮廓，因此，`:focus-visible` 伪类的作用就没有以前那么明显了。准确地说是浏览器自己优化了之前的一些无障碍访问策略，使得无须使用`:focus-visible` 伪类手动进行相关的优化了。

`:focus-visible` 伪类目前的作用就变成了用来区分用户行为是鼠标行为还是键盘行为。

第 8 章
通过树结构伪类匹配元素

有了基础选择器，再加上用户行为控制，实现理想的网页布局完全不在话下。似乎到这里，本书就可以完结了，就算不了解本书后一半的内容，我们日常的开发也是可以正常进行的。可读者要是去问问从 IE 时代过来的老前辈，他们愿不愿意回到过去，我敢保证，所有人都不愿意，为什么呢？原因很简单，过去的开发负担重，支持的特性太少，想要对某些元素进行特殊处理，必须借助 JavaScript，这就导致代码一定会变得冗长，同时样式逻辑和业务逻辑混杂，不利于维护。

从本章开始介绍的所有伪类，都不是必须存在的 CSS 伪类，其作用是简化我们的开发，或者针对特殊场景的开发，让开发人员可以用更少的代码实现更佳的效果。

以本章的树结构伪类为例，通常我们对元素进行匹配几乎都使用属性（类名、ID 都属于属性），需要哪个属性，手动添加一个即可。但是这种手动添加是会产生成本的，例如有一个动态渲染长列表，希望匹配最后一个列表元素，如果只使用前面 7 章所学的内容，最终的实现一定是在某个循环语句中匹配最后一项，然后设置一个类似 `.last` 的类名，再进行样式设置。

这其实很麻烦，如果 CSS 可以直接匹配列表的最后一项，那么在渲染层直接用一个干净的 for 循环就可以解决问题，无须专门对最后一项进行逻辑处理，开发成本低，代码质量也高。这就是这些伪类的作用，在合适的场景下可以让我们的开发变得更加轻松高效。本章将介绍的树结构伪类就是这样的伪类，可以使过去需要 JavaScript 才能处理的逻辑由几行 CSS 代码就可以解决，很实用。

另外，这些伪类在 IE9 及以上版本的浏览器下都是支持的，相对成熟且特性稳定，可以放心使用。

8.1 :root 伪类

:root 伪类用来匹配文档的根元素，下面进行详细分析。

8.1.1 `:root` 伪类匹配的究竟是什么

在 99.99%的 Web 开发场景中，`:root` 伪类表示的就是`<html>`元素，二者完全等同。这很好证明，给`<html>`元素加一个类名，如下：

`<html class="html"></html>`

此时，设置背景色就可以看到整个页面的背景色变成天蓝色了：

`:root.html { background: skyblue; }`

或者直接使用 html 标签也可以证明：

`html:root { background: skyblue; }`

所以，问题来了，如果只是为了匹配`<html>`元素，那么直接使用 html 标签选择器不就可以了吗？为什么还需要额外设计`:root` 伪类呢？因为在有些场景下，文档的根元素并不是`<html>`元素。

有人可能会恍然大悟：如果页面没有设置`<html>`根元素，就不会匹配！

其实，对于 HTML 页面，就算不设置 html 标签，浏览器也会自动补上 html 标签的，依然会匹配。这里描述的场景其实是浏览器访问 XML 文件或者 SVG 文件。例如，在 SVG 文件中`:root` 就不等同于 html 标签了，而是 svg 标签。这个很好测试，我们随便找一个 SVG 图形元素，如果内联在 HTML 页面中，在 svg 标签匹配的是 svg:not(:root)，相关代码如图 8-1 所示：

```
svg:not(:root) {     user agent stylesheet
  overflow: ▶ hidden;
}
```

图 8-1　HTML 页面中 svg 标签的默认匹配不是`:root`

但是如果这个 SVG 图形作为 SVG 文件在浏览器中打开，则打开控制台就会看到 svg 标签匹配的是 svg:root，也就是此时`:root` 伪类匹配的是 svg 标签，相关代码如图 8-2 所示：

```
svg:root {           user agent stylesheet
  width: 100%;
  height: 100%;
}
```

图 8-2　SVG 文件的 svg 标签匹配的是`:root`

因此，`:root` 伪类匹配的是根元素，而 Web 中的根元素有很多种，`<html>`只是其中之一。

不过，从实际 Web 开发的角度看，XHTML 语言的文档处于绝对垄断地位，因此，`:root` 伪类直接等同于 html 标签也是没有问题的。

另外，在 Shadow DOM 中虽然也有根的概念（称为 shadowRoot），但并不能匹配 :root 伪类，也就是在 Shadow DOM 中，:root 伪类是无效的，应该使用专门为此场景设计的 :host 伪类。

8.1.2 :root 伪类的应用场景

:root 伪类有哪些应用场景呢？由于没有特别需要使用 :root 伪类的理由，反正匹配的是 <html> 元素，因此为何不直接使用 html 标签选择器呢？这样兼容性更好，优先级更低，是这样吗？

实际上，下面两个开发场景中更推荐使用 :root 伪类。

1. 利用 :root 伪类的高优先级

假设引入了某些 UI 组件库，如果这些组件对 html 标签进行了一些设置，而这些设置是开发人员不需要的，我们就可以使用 :root 伪类进行重置，因为 :root 伪类的优先级更高，不用担心不能重置。例如设置了如下的 CSS：

```css
html {
    overflow-y: scroll;
}
```

我们就可以用如下代码重置，以确保页面内容在加载过程中不会出现晃动。

```css
:root {
    overflow-y: auto;
    scrollbar-gutter: stable;
}
```

另外，借助 :root 伪类提高任意选择器的优先级也是一种常见的技巧，例如类名 .recover 不能重置某些样式，可以在其前面加上 :root，变成 :root .recover，说不定就可以重置了，毕竟任何页面都一定有根元素，这种写法要比 .recover.recover 的性能提高不少。

2. CSS 变量

现代浏览器都已经支持 CSS 自定义属性（也就是 CSS 变量），其中有一些变量是全局的，如整站的颜色、主体布局的尺寸等。对于这些变量，业界约定俗成，都将它们写在 :root 伪类中。

大家千万不要以为将 CSS 变量写在 :root 伪类中有什么特别的作用，这只是一种写法而已，其效果和写在 html 标签选择器中是一样的，因为全局 CSS 变量一定都是用以继承的，只要是级别足够高的祖先选择器都可以。

之所以 CSS 变量都写在 :root 伪类中，可能是因为这样可以使代码的可读性更好。同样是根元素，html 标签选择器负责样式，:root 伪类负责变量，互相分离，各司其职。例如：

```
:root {
    /* 颜色变量 */
    --blue: #2486ff;
    --red: #f4615c;
    /* 尺寸变量 */
    --layerWidth: 1190px;
}
html {
    overflow: auto;
}
```

8.2　要多使用 :empty 伪类

先来了解一下 :empty 伪类的基本匹配特性。

（1）:empty 伪类用来匹配空标签元素。例如：

```
<div class="cs-empty"></div>
.cs-empty:empty {
    width: 120px;
    padding: 20px;
    border: 10px dashed;
}
```

此时，:empty 伪类会匹配 <div> 元素，呈现为虚线框，如图 8-3 所示。

图 8-3　:empty 伪类匹配 <div> 元素，呈现为虚线框

（2）:empty 伪类还可以匹配前后闭合的替换元素，如 <button> 元素和 <textarea> 元素。例如：

```
<textarea></textarea>
textarea:empty {
    border: 6px double deepskyblue;
}
```

在所有浏览器下都呈现为双实线，如图 8-4 所示。

图 8-4　:empty 伪类匹配 <textarea> 元素

在 IE 浏览器下，<textarea> 元素的 :empty 伪类匹配有一些不寻常的特性。

首先，如果输入文字，则 IE 浏览器认为 <textarea> 元素并非空标签，不会以 :empty 伪类匹配。例如，输入"文字"，结果在 IE 浏览器下 <textarea> 元素的边框样式从双实线还原

成了初始状态，如图 8-5 所示。

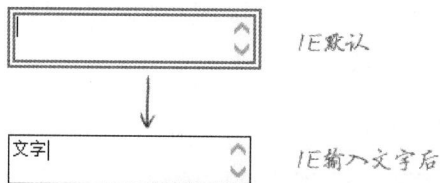

图 8-5　IE 浏览器下 :empty 伪类不匹配输入值的 <textarea> 元素

这种行为非常类似于目前还没有任何浏览器支持的 :blank 伪类。

其次，当 <textarea> 元素的 placeholder 属性值显示时，IE 浏览器也不会以 :empty 伪类匹配。例如，HTML 代码如下：

```
<textarea placeholder="请输入姓名"></textarea>
```

其交互状态如图 8-6 所示。

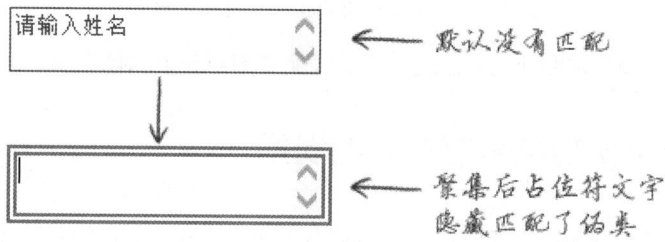

图 8-6　IE 浏览器下 :empty 伪类不匹配显示 placeholder 属性值的 <textarea> 元素

我们可以利用这个特性让 IE 浏览器模拟自身并不支持的 :placeholder-shown 伪类，具体设置如下：

```
<textarea placeholder="请输入姓名" required></textarea>
```

此时，textarea:not(:empty):invalid 选择器的行为就等同于 Chrome 等浏览器下的 :placeholder-shown 伪类的行为了，属于典型的 "bug 变 trick"。

由于 IE 浏览器已经日薄西山，因此这个特性的用处其实并不大，如果要研究相关示例，可参考网址 https://demo.cssworld.cn/selector2/8/2-1.php。有兴趣的读者可以了解一下，实现的效果是当输入框占位符元素不可见的时候，变成提示标题。

（3）:empty 伪类还可以匹配非闭合元素，如 <input> 元素、<img> 元素和 <hr> 元素等。例如：

```
input:empty,
img:empty,
hr:empty {
    border: 6px double deepskyblue;
}
```

```
<input type="text" placeholder="请输入姓名">
<img src="./1.jpg">
<hr>
```

在所有浏览器中的效果如图 8-7 所示。

图 8-7　:empty 伪类匹配非闭合元素

但实际开发中很少有需要使用 :empty 伪类匹配非闭合元素的场景。

8.2.1　对 :empty 伪类可能存在的误解

:empty 伪类可以匹配什么样的元素？如果没有深入研究，你大概会认为 :empty 伪类可以匹配没有任何子元素、不显示任何内容的元素。但如果深入细节，就会发现这其中存在误解。

1. :empty 伪类与空格

如果元素内有注释，:empty 伪类是否可以匹配？多数人会觉得不匹配，这是完全正确的。例如：

```
<!-- 无法匹配 :empty 伪类 -->
<div class="cs-empty"><!-- 注释 --></div>
```

但如果元素内有一个空格或者标签内有换行符呢？这时很多人就会有错误的认识了。实际上，:empty 伪类依然无法匹配。例如，有以下两种情况。

不能有空格：

```
<!-- 无法匹配 :empty 伪类 -->
<div class="cs-empty"> </div>
```

不能有换行符：

```
<!-- 无法匹配 :empty 伪类 -->
<div class="cs-empty">
</div>
```

因此，实际开发的时候，如果遇到 :empty 伪类匹配无效的场景，要仔细查看 HTML 代码，看看标签内是否有空格或者换行符。尤其是使用一些渲染模板的时候，明明没有任何列表内容，但 :empty 伪类就是无法匹配，这可能是换行符或者空格导致的。不过根据具体实践，一些流行的开发框架（如 Vue 等）会自动去除空格，这有利于在实际项目中灵活使用 :empty 伪类。

:empty 伪类忽略空格的特性不符合我们的直观认知，W3C 官方也收集到了很多这样的意见，所以在 CSS 选择器 Level 4 规范中已经开始明确 :empty 伪类可以匹配只有空格文本节点的元素，但是直到撰写本章的时候还没有任何浏览器支持。因此，为安全起见，实际开发中大家还是按照无空格标准来进行。

Firefox 浏览器中有一个私有伪类可以使元素匹配空标签元素或带有空格的标签元素，这个伪类就是 -moz-only-whitespace。例如：

```
.cs-empty:-moz-only-whitespace {
    border: 10px dotted;
}
```

可以匹配

```
<!-- Firefox 可以匹配:empty 伪类 -->
<div class="cs-empty">  </div>
```

但毕竟 Firefox 浏览器的市场份额有限，大家了解即可。

最后一点，对于没有闭合标签的闭合元素，:empty 伪类也无法匹配，浏览器会自动补全 HTML 标签。例如，段落元素可以直接写成：

```
<p>段落
<p>段洛
<p>段落
```

这样写解析没有任何问题。下面问题来了，如果标签里面没有任何其他内容，例如：

```
<p class="cs-empty">
<p class="cs-other">
```

:empty 伪类也无法匹配 .cs-empty：

```
<!-- .cs-empty 无法匹配:empty 伪类 -->
<p class="cs-empty">
<p class="cs-other">
```

因为浏览器自动补全的内容将一直延伸到下一个标签元素的开头，所以这里的 .cs-empty 元素实际上包含了换行符，等同于下面这种写法：

```
<p class="cs-empty">
</p><p class="cs-other">
```

也可以使用 JavaScript 验证上面的结论：

```
document.querySelector('.cs-empty').innerHTML
// 结果是回车符 ↵
```

因此，如果想要 `:empty` 伪类匹配自动补全标签，其需要首尾相连：

```
<!-- .cs-empty 可以匹配:empty 伪类 -->
<p class="cs-empty"><p
class="cs-other">
```

2. `:empty` 伪类与 `::before`/`::after` 伪元素

`::before` 和 `::after` 伪元素可以给标签插入内容、图形，但这样会不会影响 `:empty` 伪类的匹配呢？答案是：不会。例如：

```
.cs-empty::before {
    content: '我是一段文字';
}
.cs-empty:empty {
    border: 10px dotted deepskyblue;
}
<!-- 可以匹配:empty 伪类 -->
<div class="cs-empty"></div>
```

虽然我们在 `.cs-empty` 的元素内部插入了一段文字，但是浏览器依然按照 `:empty` 伪类进行了渲染，如图 8-8 所示。

图 8-8　应用了 `::before` 伪元素，但 `:empty` 伪类依然匹配

这一特性非常实用。

8.2.2　超实用超高频使用的 `:empty` 伪类

无论是大项目还是小项目，都会用到 `:empty` 伪类。主要有下面几种场景。

1. 隐藏空元素

例如，某个模块里面的内容是动态的，其可能是列表，也可能是按钮，这些模块容器常包含影响布局效果的 CSS 属性，如 `margin`、`padding` 属性等。当然，这些模块里面有内容的时候，布局显示效果是非常好的。然而，一旦这些模块里面的内容为空，页面上就会有很大一块明显的空白，布局效果就不好，这种情况下使用 `:empty` 伪类予以控制就再好不过了：

```
.cs-module:empty {
    display: none;
}
```

无须额外的 JavaScript 逻辑判断，直接使用 CSS 就可以实现动态样式效果。唯一需要注意的是，当列表内容缺失的时候，一定要把空格也去掉，否则 `:empty` 伪类不会匹配。

2. 字段缺失智能提示

例如，下面的 HTML 代码：

```
<dl>
    <dt>姓名：</dt>
    <dd>张三</dd>
    <dt>性别：</dt>
    <dd></dd>
    <dt>手机：</dt>
    <dd></dd>
    <dt>邮箱：</dt>
    <dd></dd>
</dl>
```

用户某些字段的信息是缺失的，此时开发人员应该使用其他占位符示意这里没有内容，例如用短横线（-）或者直接使用文字提示。但多年的开发经验表明，开发人员非常容易忘记这里需要的特殊处理，最终导致布局混乱，信息难辨。

```
/* <dd>为空布局会混乱 */
dt {
    float: left;
}
```

但如今，我们不用再担心这样的问题了，直接使用 CSS 就可以处理这种情况，代码很简单：

```
dd:empty::before {
    content: '暂无';
    color: gray;
}
```

此时字段信息缺失后的布局效果如图 8-9 所示。

姓名：张三
性别：暂无
手机：暂无
邮箱：暂无

图 8-9　空字段借助 `:empty` 伪类和 `::before` 伪元素占位

可以看到，这样的布局效果良好，信息明确。存储的是什么数据内容，直接输出的就是什么内容，就算数据库中存储的是空字符也无须担心。

实际开发中，类似的场景还有很多。例如，表格中的备注信息通常都是空的，此时可以这样处理：

```
td:empty::before {
    content: '-';
    color: gray;
}
```

除此之外，还有一类典型场景需要用到 :empty 伪类，那就是 Ajax 动态加载数据为空的情况。当一个新用户开始使用一个产品的时候，很多模块内容是没有的。要是在过去，我们需要在 JavaScript 代码中做 if 判断，如果没有值，我们要输出"没有结果"或者"没有数据"的信息。但是现在有了 :empty 伪类，直接把这个工作交给 CSS 就可以了。例如：

```
.cs-search-module:empty::before {
    content: '没有搜索结果';
    display: block;
    line-height: 300px;
    text-align: center;
    color: gray;
}
```

又如：

```
.cs-article-module:empty::before {
    content: '您还没有发表任何文章';
    display: block;
    line-height: 300px;
    text-align: center;
    color: gray;
}
```

总之，这种方法非常好用，可以节约大量的开发时间，同时用户体验更好，维护更方便，因为可以使用一个通用类名使整站提示信息保持统一：

```
.cs-empty:empty::before {
    content: '暂无数据';
    display: block;
    line-height: 300px;
    text-align: center;
    color: gray;
}
```

8.3 比较实用的子索引伪类

本节要介绍的伪类都是用来匹配子元素的，子元素必须是独立标签的元素，文本节点、注释节点是无法匹配的。

如果想要匹配文字，只有 ::first-line 和 ::first-letter 两个伪元素可以实现，且只有部分 CSS 属性可以应用，这里不展开介绍。

8.3.1 :first-child 伪类和 :last-child 伪类

:first-child 伪类可以匹配第一个子元素，:last-child 伪类可以匹配最后一个子元素。例如：

```
ol > :first-child {
    font-weight: bold;
    color: deepskyblue;
}
ol > :last-child {
    font-style: italic;
    color: red;
}
<ol>
    <li>内容</li>
    <li>内容</li>
    <li>内容</li>
</ol>
```

结果显示第一项内容表现为天蓝色加粗，最后一项内容表现为红色倾斜体，如图 8-10 所示。

1. **内容**
2. 内容
3. *内容*

图 8-10　:first-child 和 :last-child 伪类的基本作用示意

虽然 :first-child 和 :last-child 伪类的含义首尾呼应，但这两个伪类并不是同时出现的。:first-child 出现得很早，自 IE7 浏览器就开始被支持了，而 :last-child 伪类是在 CSS3 时代出现的，自 IE9 浏览器才开始被支持。因此，对于桌面端项目，在 :first-child 伪类和 :last-child 伪类都可以使用的情况下，优先使用 :first-child 伪类。例如，若想列表上下都有 20 px 的间距，则下面两种实现都是可以的：

```
li {
    margin-top: 20px;
}
li:first-child {
    margin-top: 0;
}
li {
    margin-bottom: 20px;
}
li:last-child {
    margin-top: 0;
}
```

建议优先使用第一种写法。如果项目不需要兼容 IE8 浏览器，不推荐使用第二种写法，而建议使用 :not 伪类（参见第 9 章），如：

```
li:not(:last-child) {
    margin-bottom: 20px;
}
```

8.3.2 给力的 `:only-child` 伪类

`:only-child` 也是一个很给力的伪类,尤其在处理动态数据的时候,可以省去很多 JavaScript 逻辑代码。

我们先来看一下这个伪类的基本含义,`:only-child`,顾名思义,就是匹配没有任何兄弟元素的元素。例如,`:only-child` 伪类可以匹配下面的 `<p>` 元素,因为其前后没有其他兄弟元素:

```html
<div class="cs-confirm">
    <!-- 可以匹配:only-child 伪类 -->
    <p class="cs-confirm-p">确定删除该内容? </p>
</div>
```

另外,`:only-child` 伪类在匹配元素的时候会忽略其前后的文字内容。例如:

```html
<button class="cs-button">
    <!-- 可以匹配:only-child 伪类 -->
    <i class="icon icon-delete"></i>删除
</button>
```

虽然 `.icon` 元素后面有"删除"文字,但由于没有标签嵌套,是匿名文本,因此不影响 `:only-child` 伪类匹配 `.icon` 元素。

尤其需要指出的是,使用 `:only-child` 的场景是动态场景,也就是对于某个固定的小模块,根据场景的不同,里面可能是一个子元素,也可能是多个子元素,元素个数不同,布局方式就会不同,此时就是 `:only-child` 伪类大放异彩的时候。例如,某个正在加载(loading)的模块里面可能只有一张加载图片,也可能仅有一段加载文字,也可能是加载图片和加载文字兼有,此时 `:only-child` 伪类非常好用。HTML 示意代码如下:

```html
<!-- 1. 只有加载图片 -->
<div class="cs-loading">
    <img src="./loading.png" class="cs-loading-img">
</div>
<!-- 2. 只有加载文字 -->
<div class="cs-loading">
    <p class="cs-loading-p">正在加载中...</p>
</div>
<!-- 3. 加载图片和加载文字同时存在 -->
<div class="cs-loading">
    <img src="./loading.png" class="cs-loading-img">
    <p class="cs-loading-p">正在加载中...</p>
</div>
```

我们无须在父元素上专门指定额外的类名来控制不同状态的样式,而直接活用 `:only-child` 伪类就可以让各种状态下的布局良好:

```css
.cs-loading {
    height: 150px;
    position: relative;
```

```css
    text-align: center;
    /* 与效果无关，截图示意用 */
    border: 1px dotted;
}
/* 图片和文字同时存在时在中间留点间距 */
.cs-loading-img {
    width: 32px; height: 32px;
    margin-top: 45px;
    vertical-align: bottom;
}
.cs-loading-p {
    margin: .5em 0 0;
    color: gray;
}
/* 当只有图片的时候居中绝对定位 */
.cs-loading-img:only-child {
    position: absolute;
    left: 0; right: 0; top: 0; bottom: 0;
    margin: auto;
}
/* 当只有文字的时候行高近似垂直居中 */
.cs-loading-p:only-child {
    margin: 0;
    line-height: 150px;
}
```

可以得到图 8-11 所示的布局效果。

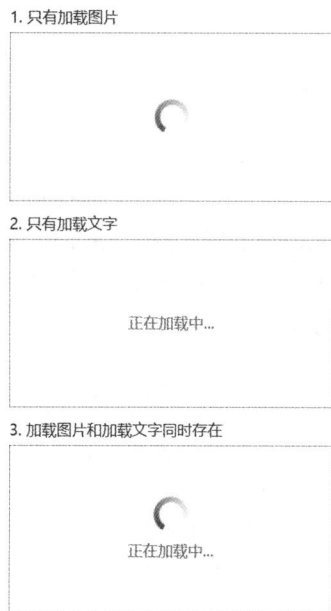

图 8-11　:only-child 伪类实现多种状态加载布局

读者可以手动输入 https://demo.cssworld.cn/selector2/8/3-1.php 或扫描下面的二维码体验与学习。

8.3.3 :nth-child()伪类和:nth-last-child()伪类

:nth-last-child()伪类和:nth-child()伪类的区别在于：:nth-last-child()伪类是从后面开始按指定序号匹配，而:nth-child()伪类是从前面开始匹配。除此之外，无论是在兼容性还是语法方面，两者都没有区别。因此，本节会以:nth-child()为代表对这两个伪类进行详细且深入的介绍。

1. 从:nth-child()开始说起

在介绍语法之前，有必要提一句，:nth-child()伪类虽然功能很强大，但只适用于内容动态、无法确定的匹配场景。如果数据是纯静态的，哪怕是列表，都要使用类名或者属性选择器进行匹配。例如：

```
<ol>
    <li class="cs-li cs-li-1">内容</li>
    <li class="cs-li cs-li-2">内容</li>
    <li class="cs-li cs-li-3">内容</li>
</ol>
```

没有必要使用 li:nth-child(1)、li:nth-child(2) 和 li:nth-child(3)，因为这样会增加选择器的优先级，且由于 DOM 结构严格匹配，无法随意调整，不利于维护。

:nth-child()伪类可以匹配指定索引序号的元素，支持一个参数，且必须有参数，参数可以是关键字值或者函数符号这两种类型。

（1）关键字值的形式如下。

- odd：匹配第奇数个元素，如第 1 个元素、第 3 个元素、第 5 个元素……
- even：匹配第偶数个元素，如第 2 个元素、第 4 个元素、第 6 个元素……

可以这样记忆：如果字母个数是奇数（odd 有 3 个字母），就匹配奇数个数的元素；如果字母个数是偶数（even 有 4 个字母），就匹配偶数个数的元素。

奇偶匹配关键字多用在列表或者表格中，可以用来实现提升阅读体验的斑马线效果。

（2）函数符号的形式如下。

- An+B：其中 A 和 B 都是固定的数值，且必须是整数；n 可以理解为从 0 开始的自然数序列（0, 1, 2, 3, …），n 前面可以有负号。第一个子元素的匹配序号是 1，小于 1 的计算序号会被忽略。

下面来看一些示例，快速了解一下各种类型的参数的含义。

- `tr:nth-child(odd)`：匹配表格的第 1, 3, 5 行，等同于 `tr:nth-child(2n+1)`。
- `tr:nth-child(even)`：匹配表格的第 2, 4, 6 行，等同于 `tr:nth-child(2n)`。
- `:nth-child(3)`：匹配第 3 个元素。
- `:nth-child(5n)`：匹配第 5, 10, 15, … 个元素。其中 5=5×1，10=5×2，15=5×3……
- `:nth-child(3n+4)`：匹配第 4, 7, 10, … 个元素。其中 4=(3×0)+4，7=(3×1)+4，10=(3×2)+4……
- `:nth-child(-n+3)`：匹配前 3 个元素，因为 −0+3=3，−1+3=2，−2+3=1。
- `li:nth-child(n)`：匹配所有的 `<li>` 元素，就匹配的元素而言和 `li` 标签选择器一模一样，区别是优先级更高了。实际开发中总是避免过高的优先级，因此没有理由这样使用。
- `li:nth-child(1)`：匹配第一个 `<li>` 元素，和 `li:first-child` 匹配的作用一样，区别是后者的兼容性更好，因此，也没有这样使用的理由，可以使用 `li:first-child` 代替。
- `li:nth-child(n+4):nth-child(-n+10)`：匹配第 4~10 个 `<li>` 元素，这个就属于比较高级的用法了。例如，考试成绩前 3 名的有徽章，第 4 名~第 10 名的高亮显示，此时，这种正负值组合的伪类非常好用。

实际示例

`:nth-child()` 适合用在列表元素数量不可控的场景下，如表格、列表等。下面举 3 个常用示例。

（1）列表斑马线条纹。此效果多用在密集型大数量的列表或者表格中，不容易看串行，通常设置列表的偶数行为深色背景，代码示意如下：

```
table {
    border-spacing: 0;
    width: 300px;
    text-align: center;
    border: 1px solid #ccc;
}
tr {
    background-color: #fff;
}
tr:nth-child(even) {
    background-color: #eee;
}
```

布局效果如图 8-12 所示。

（2）列表边缘对齐。例如，要实现图 8-13 所示的布局效果。如果无须兼容 IE 浏览器，最好的实现方法是 `display:grid` 布局。如果需要兼容一些老旧的浏览器，多半会使用浮动或者

inline-block 排列布局，此时间距的处理是难点，因为无论是设置 margin-left 还是 margin-right，都无法实现正好两端紧贴边缘。

标题1	标题2	标题3
内容1	内容2	内容3
内容1	内容2	内容3
内容1	内容2	内容3
内容1	内容2	内容3
内容1	内容2	内容3
内容1	内容2	内容3
内容1	内容2	内容3
内容1	内容2	内容3

图 8-12　列表斑马线条纹效果

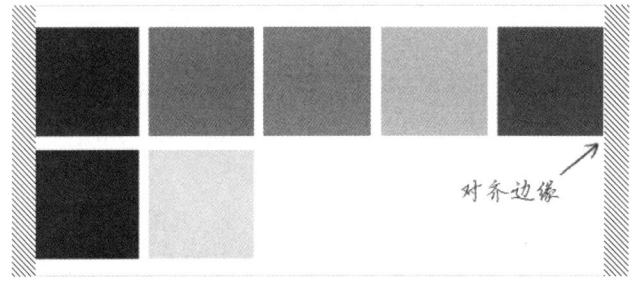

图 8-13　列表边缘对齐效果

使用:nth-child()伪类是比较容易理解和上手的一种方法，假设间距固定为 10 px，则 CSS 代码示意如下：

```
li {
   float: left;
   width: calc((100% - 40px) / 5);
   margin-right: 10px;
}
li:nth-child(5n) {
   margin-right: 0;
}
```

或者下面更推荐使用的写法：

```
li {
   float: left;
   width: calc((100% - 40px) / 5);
}
li:not(:nth-child(5n)) {
   margin-right: 10px;
}
```

（3）固定区间的列表高亮。前面提到过这个应用，例如，在展示考试成绩的列表中，前 10

名需要高亮显示，前3名着重高亮，要实现这样的效果，没有比使用:nth-child()伪类更合适的方法了。

CSS 代码如下：

```
/* 前 3 行背景色为素色 */
tr:nth-child(-n + 3) td {
    background: bisque;
}
/* 4-10 行背景色为淡青色 */
tr:nth-child(n + 4):nth-child(-n + 10) td {
    background: lightcyan;
}
```

效果如图8-14所示。

排名	姓名	总积分
1	XboxYan	105
2	liyongleihf2006	78
3	wingmeng	73
4	sghweb	71
5	yaeSakuras	69
6	frankyeyq	66
7	lineforone	58
8	NeilC1991	50
9	smileyby	49
10	iceytea	45
11	Seasonley	44
12	ylfeng250	43
13	Kongdepeng	42
14	AsyncGuo	40
15	qianfengg	40

图8-14 指定列表范围的背景色效果

读者可以手动输入 https://demo.cssworld.cn/selector/10/3-2.php 或扫描下面的二维码体验与学习。

2．动态列表项数量匹配技术

聊天软件中的群头像或者一些书籍的分组往往采用复合头像作为一个大的头像，如图8-15

所示，可以看到如果头像数量不同，布局就会不同。

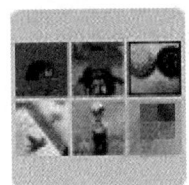

图 8-15　头像数量不同，布局不同

通常大家会使用下面的方法进行布局：

```
<ul class="cs-box" data-number="1"></ul>
<ul class="cs-box" data-number="2"></ul>
<ul class="cs-box" data-number="3"></ul>
...
.cs-box[data-number="1"] li {}
.cs-box[data-number="2"] li {}
.cs-box[data-number="3"] li {}
```

这个实现方法可以很好地满足我们的开发需求，不足是当子头像的数量变化时，需要同时修改 `data-number` 的属性值，有一定的维护成本。

实际上，还有更巧妙的实现方法，那就是借助子索引伪类自动判断列表项的个数，从而实现我们想要的布局。在这个方法中，不需要在父元素上设置当前列表项的个数，因此，HTML 看起来平淡无奇：

```
<ul class="box">
  <li></li>
  <li></li>
  <li></li>
  ...
</ul>
```

关键在于 CSS，我们可以借助伪类判断当前列表项的个数，示意代码如下：

```
/* 1个 */
li:only-child {}
/* 2个 */
li:first-child:nth-last-child(2) {}
/* 3个 */
li:first-child:nth-last-child(3) {}
...
```

其中，`:first-child:nth-last-child(2)` 表示当前 `<li>` 元素既匹配第一个子元素，又匹配从后往前的第二个子元素，因此，我们就能判断当前总共有两个 `<li>` 子元素，从而精准实现我们想要的布局了，只需要配合使用相邻兄弟选择符加号（+）以及兄弟选择符（~）。例如：

```
/* li 列表项的数量大于或等于 5 时所有元素宽度为 33.333% */
li:first-child:nth-last-child(n+5),
li:first-child:nth-last-child(n+5) ~ li {
  width: calc(100% / 3);
}
```

以上是不是一个非常巧妙的实现呢?

总之,基于上面的数量匹配原理就能自动实现不同列表项数量下的不同布局效果,而无须设置专门表示列表项数量的类名或者属性。

读者可以手动输入 https://demo.cssworld.cn/selector2/8/3-3.php 或扫描下面的二维码体验与学习。

实现效果如图 8-16 所示。

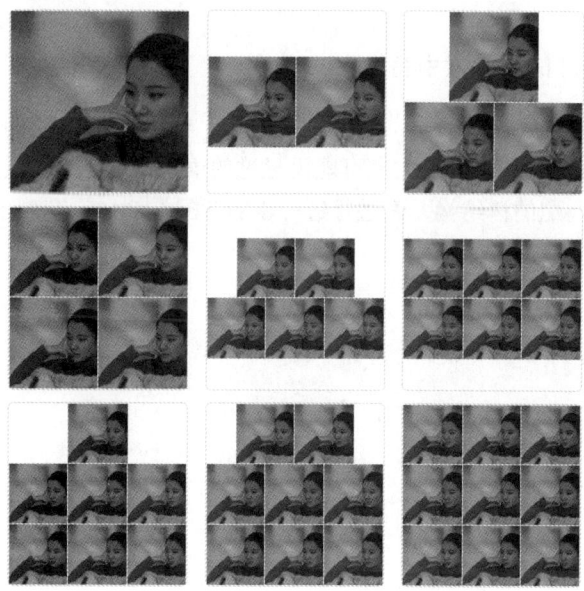

图 8-16 不同头像数量下不同布局的实现效果

其中,HTML 结构如下:

```
<div class="cs-box">
    <!-- 1-9 个 li 元素  -->
    <cs-li></cs-li>
</div>
```

CSS 部分和布局相关的代码如下：

```
.cs-box {
  display: inline-flex;
  align-content: center;
  flex-wrap: wrap-reverse;
  justify-content: center;
  width: 140px; height: 140px;
}
cs-li {
  flex: none;
  width: 50%;
  aspect-ratio: 1;
}
/*只有 1 个 li 元素*/
cs-li:only-child {
  width: 100%;
}
/*不少于 5 个 li 元素*/
cs-li:first-child:nth-last-child(n+5),
cs-li:first-child:nth-last-child(n+5) ~ cs-li {
  width: calc(100% / 3);
}
```

3. `nth-child()` 的参数索引特性

对于 `nth-child()`、`nth-last-child()` 以及 8.4.3 节要介绍的 `nth-of-type()`、`nth-last-of-type()`，还有一种大家可能没见过的语法，就是使用 of 关键字配合特性的 CSS 选择器，对已经匹配的树结构元素进行进一步的匹配。例如，有如下 HTML 结构和 CSS 代码：

```
<dl>
  <dt>标题</dt>
  <dd>列表 1</dd>
  <dd>列表 2</dd>
  <dd>列表 3</dd>
  <dt>标题</dt>
  <dd>列表 1</dd>
  <dd>列表 2</dd>
  <dd>列表 3</dd>
  <dt>标题</dt>
  <dd>列表 1</dd>
  <dd>列表 2</dd>
  <dd>列表 3</dd>
</dl>
dl > :nth-child(even of dd) {
    color: red;
font-weight: bold;
}
```

表示匹配所有子元素集合中的偶数项的<dd>元素,此时在支持此语法的浏览器下可以看到类似图 8-17 的效果。

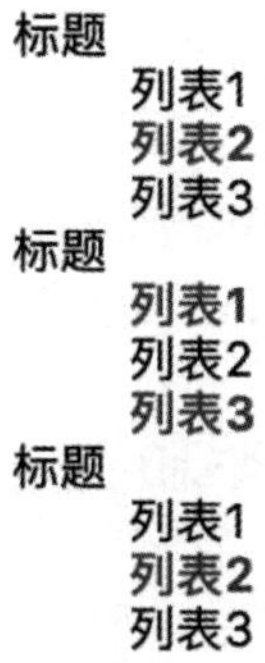

```
标题
   列表1
   列表2
   列表3
标题
   列表1
   列表2
   列表3
标题
   列表1
   列表2
   列表3
```

图 8-17　:nth-child 伪类中的 of 匹配语法的渲染

顺便提一下,选择器:nth-child(even of dd)和选择器 dd:nth-child(even)是不一样的,例如下面的 CSS 代码匹配的是<dl>元素下偶数项同时标签是 dd 的子元素,even 关键字是相对整个子元素而言的,而不是仅相对于<dd>元素。

```css
dl > dd:nth-child(even) {
    color: red;
    font-weight: bold;
}
```

此时的渲染效果如图 8-18 所示。

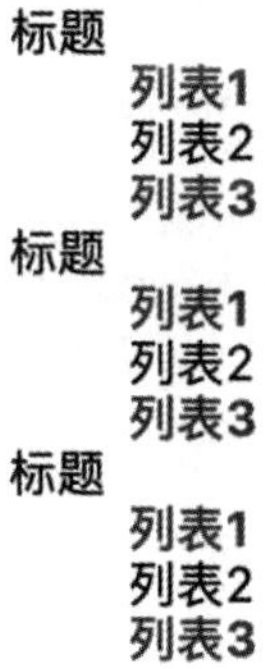

```
标题
   列表1
   列表2
   列表3
标题
   列表1
   列表2
   列表3
标题
   列表1
   列表2
   列表3
```

图 8-18　:nth-child 伪类无 of 参数语法的渲染

另外,of 后面的选择器除了标签选择器、类名选择器、属性选择器都是支持的,可以让子元素的匹配更加精准可控。可惜这个特性目前仅被 Safari 浏览器支持,Chrome 等浏览器暂时没有支持的迹象,因此,大家先了解即可。

8.4 匹配类型的子索引伪类

匹配类型的子索引伪类类似于子索引伪类，区别在于，匹配类型的子索引伪类是在同级列表中相同标签元素之间进行索引与解析的。

写 HTML 的时候要注意使用语义化标签，甚至可以使用自定义标签，因为要想使本节中的这些伪类在项目中大放异彩，离不开标签的区分，如果全部都是`<div>`元素，就无法使用这些伪类。

8.4.1 `:first-of-type`伪类和`:last-of-type`伪类

`:first-of-type` 表示当前第一个标签类型的元素。例如：

```
dl > :first-of-type {
    color: deepskyblue;
    font-style: italic;
}
<dl>
    <dt>标题</dt>
    <dd>内容</dd>
</dl>
```

结果：`first-of-type`伪类匹配了`<dt>`和`<dd>`元素，文字表现为深天蓝色倾斜体，如图 8-19 所示。

标题
内容

图 8-19 `:first-of-type` 伪类匹配首个标签类型的元素

如果有如下 HTML 代码，其中有多个`<dt>`和`<dd>`元素，则对于后面的`<dt>`和`<dd>`元素，`:first-of-type`伪类不会匹配，文字表现为默认的黑色且非倾斜体，如图 8-20 所示。

```
<dl>
    <dt>标题 1</dt>
    <dd>内容 1</dd>
    <dt>标题 2</dt>
    <dd>内容 2</dd>
</dl>
```

标题1
内容1
标题2
内容2

图 8-20 `:first-of-type` 伪类只匹配首个标签类型的元素

`:last-of-type` 伪类的语法和匹配规则与 `:first-of-type` 的类似，区别在于，`:last-of-type` 伪类匹配最后一个同类型的标签元素。例如：

```
dl > :last-of-type {
    color: deepskyblue;
    font-style: italic;
}
<dl>
    <dt>标题 1</dt>
    <dd>内容 1</dd>
    <dt>标题 2</dt>
    <dd>内容 2</dd>
</dl>
```

结果最后面的<dt>和<dd>元素中的文字为倾斜体，如图 8-21 所示。

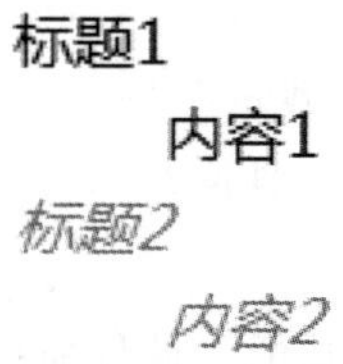

标题1
内容1
标题2
内容2

图 8-21 `:last-of-type` 伪类匹配最后一个标签类型的元素

8.4.2 `:only-of-type` 伪类

`:only-of-type` 表示匹配唯一的标签类型的元素。例如：

```
<dl>
    <dt>标题</dt>
    <dd>内容</dd>
</dl>
```

使用 `:only-of-type` 伪类也可以匹配<dt>和<dd>元素，因为这两种类型的标签均只有一个：

```
dl > :only-of-type {
    color: deepskyblue;
    font-style: italic;
}
```

结果如图 8-22 所示。

标题
内容

图 8-22 `:only-of-type` 伪类匹配唯一的标签类型的元素

:only-child 伪类匹配的元素，:only-of-type 伪类一定匹配。但是:only-of-type 伪类匹配的元素，:only-child 伪类不一定匹配。

:only-of-type 伪类缺少典型的应用场景，大家需要根据实际情况适时使用。

8.4.3 :nth-of-type()伪类和:nth-last-of-type()伪类

:nth-of-type()伪类匹配指定索引的当前标签类型元素，:nth-of-type()伪类从前面开始匹配，而:nth-last-of-type()伪类从后面开始匹配。

1. :nth-child()伪类和:nth-of-type()伪类的异同

:nth-of-type()伪类和:nth-child()伪类的相同之处是它们的语法一样。
（1）关键字值的形式如下。
- odd：匹配第奇数个当前标签类型元素。
- even：匹配第偶数个当前标签类型元素。

（2）函数符号的形式如下。
- An+B：其中 A 和 B 都是固定的数值，且必须是整数；n 可以理解为从 0 开始的自然序列（0, 1, 2, 3, …），n 前面可以有负号。第一个标签元素的匹配序号是 1，小于 1 的计算序号会被忽略。

例如：

```css
/* 第奇数个<p>元素的背景色为灰色 */
p:nth-of-type(2n + 1) {
    background-color: #ddd;
}
/* 将第 4 的倍数个<p>元素加粗同时显示深天蓝色 */
p:nth-of-type(4n) {
    color: deepskyblue;
    font-weight: bold;
}
<article>
    <h3>标题 1</h3>
    <p>段落内容 1</p>
    <p>段落内容 2</p>
    <h3>标题 2</h3>
    <p>段落内容 3</p>
    <p>段落内容 4</p>
</article>
```

结果"段落内容 1"和"段落内容 3"有背景色，"段落内容 4"被加粗同时显示深天蓝色，如图 8-23 所示。

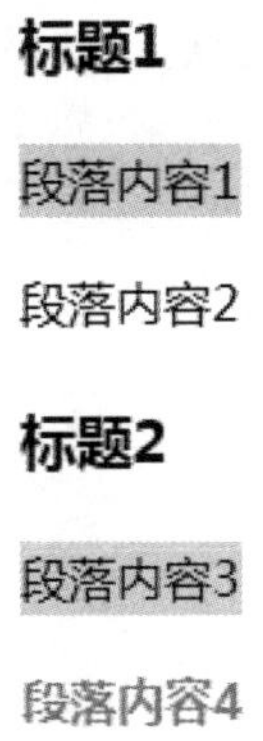

标题1

段落内容1

段落内容2

标题2

段落内容3

段落内容4

图 8-23　`:nth-of-type()`伪类的匹配效果

`:nth-of-type()`伪类和`:nth-child()`伪类的不同之处是：`:nth-of-type()`伪类的匹配范围是所有相同标签的相邻元素，而`:nth-child()`伪类会匹配所有相邻元素，忽略标签类型。

如果上面的示例改成使用`:nth-child()`伪类：

```
/* 第奇数个元素，同时是<p>标签 */
p:nth-child(2n + 1) {
    background-color: #ddd;
}
/* 第 4 的倍数个<p>元素，同时是<p>标签 */
p:nth-child(4n) {
    color: deepskyblue;
    font-weight: bold;
}
```

那么匹配的元素会大不一样，`p:nth-child(4n)`选择器没有匹配，如图 8-24 所示。

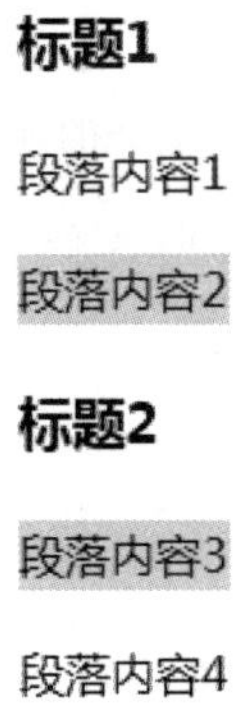

标题1

段落内容1

段落内容2

标题2

段落内容3

段落内容4

图 8-24　对比`:nth-child()`伪类的匹配效果

2．`:nth-of-type()`伪类的适用场景

`:nth-of-type()`伪类适用于特定标签组合且这些组合会不断重复的场景。在整个 HTML

中，这样的组合元素并不多见，较为典型的是"dt+dd"组合：

```
<dl>
    <dt>标题 1</dt>
    <dd>内容 1</dd>
    <dt>标题 2</dt>
    <dd>内容 2</dd>
</dl>
```

以及"details > summary"组合：

```
<details open>
    <summary>订单中心</summary>
    <a href>我的订单</a>
    <a href>我的活动</a>
    <a href>评价晒单</a>
    <a href>购物助手</a>
</details>
```

这段代码中的<a>元素就可以使用:nth-of-type()伪类进行匹配。

然后，在这里介绍一个实际项目开发中经常用到:nth-of-type()伪类的场景。例如，实现图 8-25 所示的列表布局，其中点击列表会有选中状态。

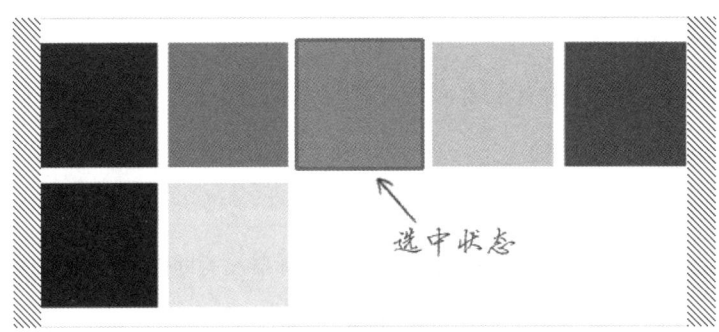

图 8-25　带有选中状态的列表布局目标效果

显然，这样的效果非常适合使用:checked 伪类实现，且无须任何 JavaScript 代码就能实现交互，HTML 如下：

```
<div class="cs-box">
    <input id="list1" type="radio" name="list">
    <label for="list1" class="cs-li"></label>
    <input id="list2" type="radio" name="list">
    <label for="list2" class="cs-li"></label>
    <input id="list3" type="radio" name="list" checked>
    <label for="list3" class="cs-li"></label>
    <input id="list4" type="radio" name="list">
    <label for="list4" class="cs-li"></label>
    <input id="list5" type="radio" name="list">
    <label for="list5" class="cs-li"></label>
```

```
        <input id="list6" type="radio" name="list">
        <label for="list6" class="cs-li"></label>
</div>
```

此时就不能使用`:nth-child(5n)`伪类对边缘列表进行匹配了,因为还有平级的 `input[type="radio"]`元素。此时需要使用`:nth-of-type(5n)`伪类进行匹配,CSS 示意代码如下:

```
.cs-li {
    float: left;
    width: calc((100% - 40px) / 5);
    margin-right: 10px;
    cursor: pointer;
}
:checked + .cs-li {
    box-shadow: 0 0 0 3px deepskyblue;
}
.cs-li:nth-of-type(5n) {
    margin-right: 0;
}
```

`.cs-li:nth-of-type(5n)`的含义是所有类名是`.cs-li` 的元素按照标签类型进行分组,然后匹配各个分组中索引值是 5 的倍数的元素。在本例中`.cs-li`元素都是`<label>`元素,和隐藏的单选框`<input>`元素正好区分开了,故能准确匹配。如果没有`:nth-of-type()`伪类,就要给每个列表组都嵌套一层标签,那样实现起来就麻烦了。

第 9 章

不容小觑的逻辑组合伪类

标签选择器、属性选择器直接匹配元素，树结构伪类通过 DOM 结构进行匹配，而本章要介绍的伪类则通过逻辑进行匹配，这进一步增强了 CSS 选择器对 HTML 元素匹配的能力。

目前 CSS 中的逻辑组合伪类主要有 4 个，分别是:not()、:is()、:where()和:has()。这 4 个伪类自身的优先级都是 0，当伪类选择器自身和括号里的参数作为一个整体时，整个选择器的优先级各有差异，有的由参数选择器决定，如:not()，有的参数选择器的优先级也是 0，如:where()。

:not()伪类从 IE9 浏览器就开始支持，非常实用，务必掌握。其他 3 个伪类适用于无须兼容 IE 浏览器的项目，其中的:has()伪类是一个功能强大的伪类，可以实现类似于父选择器的效果，日后定是个"大杀器"，大家一定要重点关注。现在先从:not()伪类说起。

9.1 务必掌握的否定伪类:not()

:not()是否定伪类，如果当前元素与括号里的选择器不匹配，则该伪类会进行匹配。例如：

```
:not(p) {}
```

会匹配所有标签不是 p 的元素，包括<html>元素和<body>元素。

:not()伪类其他相关细节如下。

（1）:not()伪类的优先级是 0，即最终选择器的优先级是由括号里的表达式决定的。例如：

```
:not(p) {}
```

的优先级就是 p 选择器的优先级。

（2）:not()伪类可以不断级联。例如：

```
input:not(:disabled):not(:read-only) {}
```

表示匹配所有不处于禁用状态也不处于只读状态的<input>元素。

（3）从 2021 年开始，所有现代浏览器均已支持在:not()伪类中使用多个表达式，例如下面这种写法是合法的：

```
/* 现代浏览器均支持 */
.cs-li:not(li, dd) {}
```

但是在过去，浏览器是无法解析上述用法的，需要使用下面这种冗长的写法代替：

```
.cs-li:not(li):not(dd) {}
```

在过去，下面几种写法也不支持，但是现在没有这个限制了，只要项目无须兼容 IE 浏览器，就可以放心使用。

```
/* 过去不支持，现在均支持 */
input:not(:disabled:read-only) {}
input:not(p:read-only) {}
input:not([id][title]) {}
```

此外，:not()伪类的参数值不仅可以是选择器，还支持选择符。例如下面的语句也是可以被现代浏览器解析的：

```
/* 现代浏览器均支持 */
input:not(.a > .b) { border: red solid; }
```

告别重置，全部交给:not()伪类

:not()伪类的最大用处就是可以优化过去我们重置 CSS 样式的策略。由于重置样式在 Web 开发中非常常见，因此:not()伪类的适用场景非常广泛。例如，我们在实现选项卡切换效果的时候会默认隐藏部分选项卡面板，点击选项卡按钮后通过添加激活状态类名使隐藏的面板再次显示，CSS 代码如下：

```
.cs-panel {
    display: none;
}
.cs-panel.active {
    display: block;
}
```

实际上，这种效果有更好的实现方式，那就是使用:not()伪类，推荐使用下面的 CSS 代码：

```
.cs-panel:not(.active) {
    display: none;
}
```

使用:not()伪类有如下优点。
（1）使代码更简洁。
（2）更易于理解。

（3）最重要的是保护了原类名的优先级，扩展性更强，更利于维护。

仍采用上面的例子，由于不同的选项卡面板里的内容不同，因此所采用的布局也不一样。假设 HTML 代码如下：

```
<div class="cs-panel">面板 1</div>
<div class="cs-panel cs-flex">面板 2</div>
<div class="cs-panel cs-grid">面板 3</div>
```

"面板 2"需要使用 Flex 布局，"面板 3"需要使用 Grid 布局，结果发现传统实现的 CSS 代码对此无能为力，因为被更高优先级的 CSS 代码 `.cs-panel.active` 强制限定为了 `display:block`：

```
.cs-panel {
    display: none;
}
.cs-panel.active {
    display: block;
}
/*
    下面两个布局样式都无效
    .cs-panel.active 的优先级更高
*/
.cs-flex {
    display: flex;
}
.cs-grid {
    display: grid;
}
```

但是，如果使用的是 `:not()` 伪类，这样的效果实现起来就很轻松：

```
.cs-panel:not(.active) {
    display: none;
}
/* 下面两个布局样式均有效*/
.cs-flex {
    display: flex;
}
.cs-grid {
    display: grid;
}
```

又如 8.3.3 节中列表边缘对齐的例子，不应该使用下面的写法：

```
.cs-li {
    float: left;
    width: calc((100% - 40px) / 5);
    margin-right: 10px;
}
```

```css
/* 不推荐这样重置 */
.cs-li:nth-of-type(5n) {
    margin-right: 0;
}
```

而应该使用`:not()`伪类：

```css
.cs-li {
    float: left;
    width: calc((100% - 40px) / 5);
}
/* 推荐这样设置 */
.cs-li:not(:nth-of-type(5n)) {
    margin-right: 10px;
}
```

再如按钮样式的控制，对于禁用按钮不能有`:hover`样式，传统实现如下：

```css
.cs-button,
.cs-button:disabled:hover {
    background-color: #fff;
}
.cs-button:hover {
    background-color: #eee;
}
```

如果像下面这样实现：

```css
.cs-button {
    background-color: #fff;
}
.cs-button:not(:disabled):hover {
    background-color: #eee;
}
```

则代码更清晰、简洁。

总之，大家一定要培养这样的意识：一旦遇到需要重置 CSS 样式的场景，第一反应就是使用`:not()`伪类。

但是，对于某类重置场景，如果`:not()`伪类使用不当，可能会有预料之外的情况出现。例如，对于一些阅读类的网站，希望`<article>`元素内的`<ol>`、`<ul>`元素依然保留默认的样式，不希望被重置。传统的实现一般是外部 CSS 重置，在`<article>`元素里再还原，CSS 示意代码如下：

```css
ol, ul {
  padding: 0;
  margin: 0;
  list-style-type: none;
}
article ol,
```

```
article ul {
  all: revert;
}
```

有些读者学了本节的内容后会想到使用:not()伪类来实现，然后使用了如下的 CSS 代码：

```
:not(article) ol,
:not(article) ul {
  padding: 0;
  margin: 0;
  list-style-type: none;
}
```

大家看看这种实现有没有问题？

乍一看这似乎是一个很棒的实现，因为从语法上直译就是非 article 标签下的<ol>、<ul>元素样式全部重置。但实际上这是有问题的。例如，有如下 HTML 代码：

```
<article>
  <div>
    <ol>
      <li>内容 1</li>
      <li>内容 2</li>
      <li>内容 3</li>
    </ol>
  </div>
</article>
```

这里的<ol>元素的 margin 和 padding 等 CSS 属性样式理论上不应该被重置，但实际上这些样式都被重置了，因为<ol>元素外面的<div>元素也匹配:not(article) ol 选择器。

所以，对于这种场景，:not()伪类的使用并没有想象的那么简单，不过也不是不能实现，而是需要使用:not()伪类在 CSS 选择器 Level4 规范中的新语法，也就是使用选择符：

```
ol:not(article ol),
ul:not(article ul) {
  padding: 0;
  margin: 0;
  list-style-type: none;
}
```

上面的例子有演示页面，读者可以通过链接 https://demo.cssworld.cn/selector2/9/1-1.php 或者扫描下面的二维码访问。

9.2 不要小看任意匹配伪类:is()

:is()伪类可以把括号中的选择器依次分配出去，这对于复杂的有很多逗号分隔的选择器或者浏览器可能不支持的选择器非常有用。

在具体介绍:is()伪类之前，我们先来了解一下:is()伪类与:matches()伪类及:any()伪类之间的关系。

9.2.1 :is()伪类与:matches()伪类及:any()伪类之间的关系

2018 年 10 月，:matches()伪类改名为:is()伪类，因为:is()的名称更简短，且其语义正好和:not()相反。也就是说，:matches()伪类是:is()伪类的前身。有趣的是，:matches()伪类还有一个被舍弃的前身，那就是:any()伪类，被舍弃的原因是选择器的优先级不正确，因为:any()伪类会忽略括号里选择器的优先级，而永远保持普通伪类的优先级。

虽然:any()伪类名义上被舍弃了，但是除 IE/Edge 以外的浏览器很早就支持，现在也支持，不过都需要添加私有前缀，如-webkit-any()以及-moz-any()。

梳理一下，先有:any()伪类，不过其需要配合私有前缀使用，后来因为选择器的优先级不正确，:any()伪类被舍弃，而替代为:matches()伪类，然后又因为:matches()伪类的名称不太恰当，最近又改名为:is()伪类。这 3 个伪类的语法都是一样的，在我撰写本章时，Chrome 浏览器已经可以运行:is()伪类，同时舍弃了:matches()伪类（已无法识别）。根据我的判断，:is()伪类会一直稳定下去。

上面提到了:any()伪类的优先级，下面来说说:is()伪类的优先级。:is()伪类的优先级解析才是正确的，:is()伪类本身的优先级为 0，整个选择器的优先级是由:is()伪类里参数优先级最高的那个选择器决定的。例如：

:is(.article, section) p {}

优先级等同于.article p。又如：

:is(#article, .section) p {}

优先级等同于#article p。这是由参数中优先级最高的选择器决定的。

9.2.2 :is()伪类的语法和两大作用

先讲解:is()伪类的语法。和:not()伪类不同，:is()伪类的参数从一开始就支持复杂选择器或复杂选择器列表。例如，下面的写法都是合法的：

/* 简单选择器 */
:is(article) p {}

```css
/* 简单选择器列表 */
:is(article, section) p {}
/* 复杂选择器 */
:is(.article[class], section) p {}
/* 带逻辑伪类的复杂选择器 */
.some-class:is(article:not([id]), section) p {}
```

`:is()`伪类有两大作用。

其一是简化选择器。例如，平时开发中经常会遇到类似下面的CSS代码：

```css
.cs-avatar-a > img,
.cs-avatar-b > img,
.cs-avatar-c > img,
.cs-avatar-d > img {
    display: block;
    width: 100%; height: 100%;
    border-radius: 50%;
}
```

此时就可以使用`:is()`伪类进行简化：

```css
:is(.cs-avatar-a, .cs-avatar-b, .cs-avatar-c, .cs-avatar-d) > img {
    display: block;
    width: 100%; height: 100%;
    border-radius: 50%;
}
```

这种简化只是一维的，`:is()`伪类的优势并不明显，但如果选择器是交叉组合的，`:is()`伪类就大放异彩了。例如，有序列表和无序列表可以相互嵌套，假设有两层嵌套，则最里面的`<li>`元素存在下面4种可能的情况：

```css
ol ol li,
ol ul li,
ul ul li,
ul ol li {
    margin-left: 2em;
}
```

如果使用`:is()`伪类进行简化，则只有下面这几行代码：

```css
:is(ol, ul) :is(ol, ul) li {
    margin-left: 2em;
}
```

其二是可以在合并不同浏览器的私有选择器的同时又不影响浏览器的正常渲染，这个特性在需要对不同浏览器做不同处理的时候比较有用。举个例子，9.4节介绍的`:has()`伪类强大且实用，但是Firefox浏览器并不支持，此时，我们可能会在Firefox浏览器下引入一段JavaScript代码来兼容，然后就会有类似下面的CSS代码：

```css
.container:has( > .empty) {
  height: 150px;
  display: grid;
  place-items: center;
}
/* Firefox 浏览器兼容处理 */
.container.has-empty {
  height: 150px;
  display: grid;
  place-items: center;
}
```

支持:has()伪类的一段 CSS 语句不支持:has()伪类的另一段 CSS 规则。我想，肯定有人看到上面的 CSS 代码时会很兴奋，既然 CSS 规则都是一样的，那么把选择器合并在一起将会省去很多代码，也能方便维护。就像下面这样：

```css
.container:has( > .empty),
.container.has-empty {
  height: 150px;
  display: grid;
  place-items: center;
}
```

然而事实并非如此。还记不记得 1.3 节中说过，如果 CSS 选择器列表中出现了无效选择器且不是以-webkit-开头，则整个选择器会被认为是无效的，因此，上面的 CSS 代码在 Firefox 浏览器下就是无效的，因为 Firefox 浏览器不能识别:has()伪类。

但是有了:is()伪类就不一样了，例如对于下面的 CSS 代码，虽然选择器依然是合并书写的，但是此时 Firefox 浏览器认为其是合法的，也就是:is()伪类中的参数就算有无法解析的 CSS 选择器，也不影响其他可解析的 CSS 选择器的渲染。

```css
/* 支持:is()伪类的浏览器均被认为合法 */
.container:is(:has( > .empty), .has-empty) {
  height: 150px;
  display: grid;
  place-items: center;
}
```

眼见为实，读者可以通过访问链接 https://demo.cssworld.cn/selector2/9/2-1.php 或者扫描下面的二维码体验与学习。

例如，在 Firefox 浏览器下可以看到类似图 9-1 的效果：

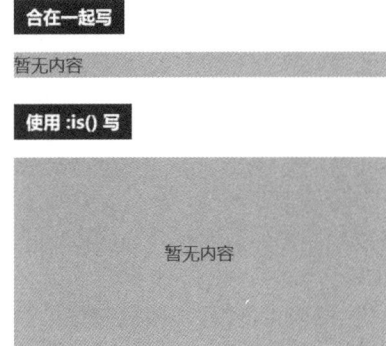

图 9-1 :is()伪类参数的合法性示意

9.2.3 :is()伪类在 Vue 等框架中的妙用

按道理讲，下面两行 CSS 语句中的选择器所匹配的元素是没有任何区别的，因为此时:is()伪类仅仅是一个无关紧要的语法糖，既不影响选择器的优先级，也不影响匹配的规则：

```
.box .some-class {}
.box :is(.some-class) {}
```

如果是在常规的开发场景中，确实如此，但要是在 Vue 或者 React 等成熟的框架中，则情况就会不同，我们可以利用这种特性让我们的开发变得更顺畅。

不妨以 Vue 框架为例，在 Vue 框架中，无论是构建模块还是组件，都会使用设置了 scoped 属性的样式，目的是让 CSS 私有，避免和外部 CSS 发生冲突。例如：

```
<style scoped>
.logo {
  height: 6em;
  padding: 1.5em;
}
</style>
```

此时框架会给类名.logo 创建随机的属性选择器，这样可以确保.logo 匹配的元素在当前 Vue 模块中是唯一的。如图 9-2 所示。

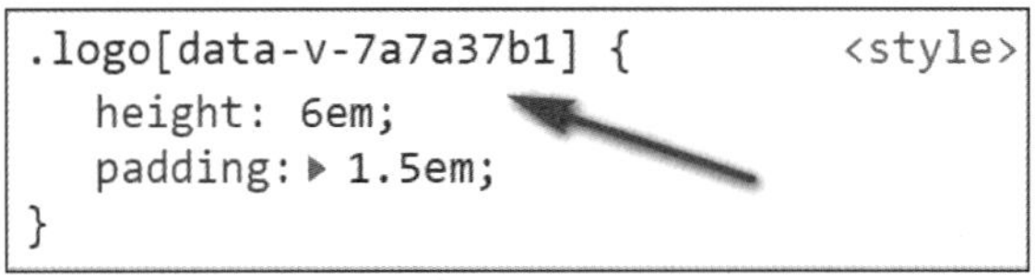

图 9-2 类名添加随机属性选择器

但是当我们需要匹配的元素是动态生成的时候（业务逻辑插入或者第三方组件），这种给类名添加随机属性选择器的特性可能会导致元素无法匹配。例如运行下面这段 JavaScript 代码：

```
const html = '<img src="/vite.svg" class="logo" />'
const app = document.getElementById('app')
app.insertAdjacentHTML('afterbegin', html)
```

此时插入的<img>元素是不会被框架添加随机属性值的（如图 9-3 所示），而<style>元素中类名却自动添加了属性选择器，导致样式无法匹配。

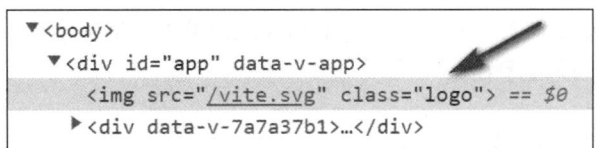

图 9-3　插入的 HTML 元素没有随机属性值

如果此时希望可以匹配这个<img>元素，同时 CSS 代码又要写在设置了 scoped 属性的<style>元素中，该怎么办？除 Vue 框架内置的:deep()语法外，我们还可以使用:is()伪类。不知是出于什么考虑，所有:is()伪类中的选择器在 Vue 框架中都是不会添加随机属性选择器的（:where()伪类也有此特性），因此，我们可以利用这个特性，让设置了 scoped 属性的<style>元素中的 CSS 无属性匹配。例如，CSS 代码可以这样书写：

```
<style scoped>
* > :is(.logo) {
  height: 6em;
  padding: 1.5em;
}
</style>
```

此时，CSS 代码中的.logo 选择器就是干干净净的类选择器，如图 9-4 所示，此时，哪怕页面中的 HTML 元素没有被组件添加随机属性值，也能被匹配了。

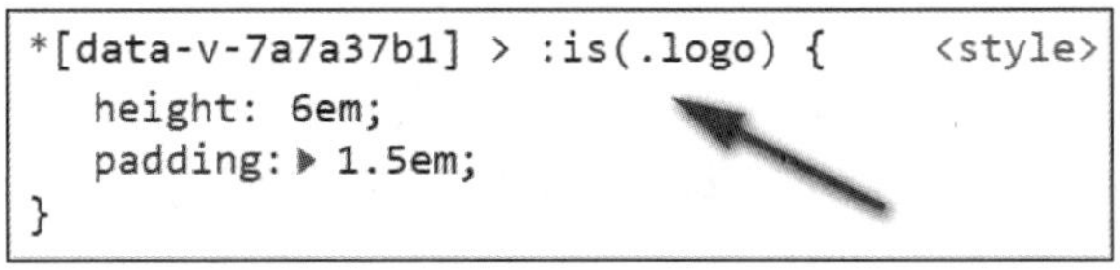

图 9-4　:is()伪类下的.logo 类名没有属性选择器

虽然:is()伪类因这一特性在意想不到的地方发挥着作用，但其还是有令人遗憾的地方，尤其是不支持伪元素这一点。

:is()伪类并不支持伪元素，例如:is(::before, ::after)是不合法的，这是个巨大的遗憾，因为在对浏览器原生的组件（如 range 范围选择、progress 进度、日期时间选择、颜色选择等）进行 CSS 样式自定义的时候，会出现大量的私有伪元素，例如在对原生的 type="color"的 input 颜色输入框进行开发的时候，需要分别对 Chrome 浏览器和 Firefox

浏览器进行处理：

```
[type="color"]::-webkit-color-swatch {
    border: 1px solid #f7f9fa;
    border-radius: 4px;
}
[type="color"]::-moz-color-swatch {
    border: 1px solid var(--ui-light, #f7f9fa);
    border-radius: 4px;
}
```

可以看到，虽然 CSS 规则一样，但是由于 :is() 伪类不支持伪元素，因此选择器无法合并书写，大量的 CSS 代码无法复用：

```
/* 不合法 */
[type="color"]:is(::-webkit-color-swatch, ::-moz-color-swatch) {}
```

目前现代浏览器已经全面支持 :is() 伪类（见表 9-1），大家可以在一些内部项目中大胆使用。

表 9-1 :is() 伪类的兼容性（数据源自 Caniuse 网站）

浏览器	IE	Edge	Firefox	Chrome	Safari	iOS Safari	Android Browser
兼容的浏览器版本	✘	12-18 ✘ 88+ ✔	78+ ✔	88+ ✔	14+ ✔	14+ ✔	5-6.x（自动升级）✔

9.3 实用的优先级调整伪类:where()

:where() 伪类是和 :is() 伪类一同出现的，它们的含义、语法、作用一样，唯一的区别是优先级不一样：:where() 伪类的优先级永远是 0，完全忽略其中参数选择器的优先级。例如：

```
:where(.article, section) p {}
```

的优先级等同于 p 选择器，参数中的选择器的优先级被完全忽略。又如：

```
:where(#article, #section) .content {}
```

的优先级等同于 .content 选择器。

我们可以巧妙地借助这一特性来降低某些全局 CSS 的优先级。举个例子，在介绍 :not() 伪类的时候介绍过基于条件判断的 CSS reset 实现，如下所示。但是下面这个实现有个小问题，就是优先级有点高，虽然 :not() 伪类本身的优先级为 0，但是其中的参数 article ol 和

article ul 是有优先级的,这就导致一旦<article>元素中有其他<ol>元素想要设置 margin 或者 padding 样式,就可能无法覆盖 CSS reset 设置的样式:

```
ol:not(article ol),
ul:not(article ul) {
  padding: 0;
  margin: 0;
  list-style-type: none;
}
```

此时可以借助:where()伪类去除参数中选择器的优先级,也就是这样书写:

```
ol:where(:not(article ol)),
ul:where(:not(article ul)) {
  padding: 0;
  margin: 0;
  list-style-type: none;
}
```

此时,选择器的优先级就和 ol、ul 这个标签选择器的优先级一样了,可以轻松被业务 CSS 覆盖,不会影响正常的开发。

相比使用@layer 规则降低 CSS 的优先级,使用:where()伪类的方法更敏捷且兼容性更好,因为所有现代浏览器支持:where()伪类的时间是 2021 年 1 月,而支持@layer 规则是在 2022 年 3 月。

9.4 姗姗来迟的关联伪类:has()

:has()伪类是一个功能非常强大的伪类,因为它可以实现类似父选择器和前面兄弟选择器的功能,对 CSS 的开发会有颠覆性的影响。

:has()伪类的规范制定得很早,但是一直没有得到支持,主要是由于浏览器厂商顾忌性能的影响,因为 DOM 的渲染是从上往下、从内往外的,而:has()伪类的特性就是子元素影响祖先元素,前面的兄弟元素影响后面的兄弟元素,若想要成功渲染,需要子元素或者后方元素加载完毕才可以,这必然会影响网页的渲染速度。因此,一开始:has()伪类的规范中明确此伪类不能在 CSS 样式中使用,只能在类似 document.querySelector()这样的 DOM 方法中使用。

在 1998 年,制定 CSS2 规范的时候,出现了 a>b 这样的 CSS 选择器,可以匹配子元素,这是非常实用的功能,对此展开了很多有关什么时候可以出现匹配父元素的选择器的讨论,因为一旦这样的功能实现,许多原本需要 JavaScript 代码处理的交互都可以省略了。

结果一等就是 24 年,随着 Safari 浏览器在 2022 年开始对:has()伪类进行支持,CSS 世界才拉开了可以实现类似父选择器功能的大幕。

为何突然支持了呢?这就不得不提一下名为 Igalia 的著名私人咨询公司,这家公司以对开放源代码和开放标准的贡献和承诺而闻名，例如 JavaScript 中的 generator、async/await、temporal，CSS 中的 grid 布局，甚至 Chrome 浏览器中的 MathML 都是这家公司在其他公司的赞助下努力实现的，而:has() 伪类则是这家公司的又一力作，解决了浏览器几十年都无法解决的性能问题。

所以，迎接:has() 伪类时代的到来吧！就在我撰写本章的时候，Safari15.4 以及 Chrome105 均已经完成对:has() 伪类的支持，以目前浏览器版本的更新速度，不出一年，:has() 伪类就可以在实际项目中使用了，这是一个务必要掌握的 CSS 伪类，可以降低很多场景中的开发成本。

:has() 伪类的语法比较简单，上手也很容易，因为其语义非常明确，和渲染表现保持一致，意思是某元素如果匹配某选择器，就匹配。举个简单的例子，下面的 CSS 代码表示如果<a>元素里面有<img>元素，则<a>元素就匹配：

```css
a:has(img) { display: block; }
```

我们可以使用这个选择器轻松区分是文字链接还是图像链接，并分别设置不同的 CSS 样式。

:has() 伪类支持所有 CSS 选择符，例如：

```css
a:has(> img) { display: block; }
```

表示子元素是<img>元素的<a>元素会被匹配，而关系更远的后代元素则不考虑。

注意上面代码中:has() 伪类的参数，选择符 > 直接出现在参数的最前面，而不是 a:has(a > img) 这样的写法，可以理解为:has() 伪类的参数的最前面有一个不可见的:scope 伪类（相关介绍参见第 10 章），因此，a:has(a > img) 的写法是不合法的。

类似地，我们还可以使用+或者~这样的选择符实现"前面兄弟选择器"的效果，即根据后面的兄弟元素选择前面的元素。例如：

```css
h5:has(+ p) { font-size: 1rem; }
```

表示匹配后面跟随<p>元素的<h5>元素。

:has() 伪类还支持复杂选择器和选择器列表，例如：

```css
article:has(h5, p) { background-color: #f0f3f9; }
```

表示，只要<article>元素内有<h5>元素或<p>元素就匹配，注意这里是"或"的关系，不是"与"。如果希望实现与的关系，也就是同时有<h5>元素和<p>元素才匹配，则可以试试下面的写法：

```css
article:has(h5):has(p) { background-color: #f0f3f9; }
```

:has() 伪类还可以和其他伪类混用，这些伪类如:checked、:enabled 等，甚至还可以和其他逻辑伪类混用，例如：

```css
section:not(:has(h5)) {
  border: skyblue solid;
}
```

```
section:has(:not(h5)) {
  color: deepskyblue;
}
```

注意，上面这两个选择器所表示的含义是不一样的，前面的选择器表示不包含<h5>元素的<section>元素有天蓝色边框，而后者表示包含非<h5>元素的<section>元素颜色是深天蓝色。例如有如下所示的 HTML 代码：

```
<section>
  <p>只有 p 元素</p>
</section>
<section>
  <h5>不仅有 h5 元素</h5>
  <p>还有 p 元素</p>
</section>
```

此时只有上面的<section>元素会有边框，因为只有这个<section>元素不包含<h5>元素，而颜色变化会同时作用于两个<section>元素，因为这两个<section>元素都包含非<h5>元素的后代元素。

此时的渲染效果如图 9-5 所示。

图 9-5 :has()伪类和:not()伪类混用效果

眼见为实，以上所有出现过的:has()伪类所对应的效果均可以通过访问链接 https://demo.cssworld.cn/selector2/9/4-1.php 或者扫描下面的二维码体验与学习。

至于:has()伪类在实际中适用的场景，实在是太多了，如交互匹配、边界场景判断等，Web 开发中需要根据某些元素变化产生联动反应的例子数不胜数。理论上，有了:has()伪类，页面中任意 DOM 元素变化都可以被其他 DOM 元素感知到，例如：

```
body:has(.eleA-active) .eleB {
  background-color: var(--primary-color);
   color: #fff;
}
```

第 10 章

链接与锚点开发相关的伪类

从本章开始，会基于开发场景对一些伪类进行介绍，这些开发场景往往都和 HTML 中具有特定语义和行为的元素强相关，例如 `<a>` 链接元素、各种 `<form>` 表单控件元素、`<video>`/`<audio>` 音视频元素，以及自定义的 HTML 组件元素。

在前端开发中，一定会或多或少遇到这些开发场景，通过提前学习与了解，当之后遇到类似场景的时候，会事半功倍。

本章主要介绍链接元素以及和浏览器地址栏中的 URL 地址相关的一些伪类。

10.1 链接历史伪类:`link` 和:`visited`

先介绍两个与链接地址访问历史有关的伪类，这两个伪类在前端发展的早期受到了不少关注，也有不少讨论，因为那个时期，链接元素可以说是最重要的交互元素了。随着 Web 2.0 时代的到来，Web 1.0 时代的门户和博客网站的落寞使开发人员开始更多地关注布局与交互了，所以这两个伪类也逐渐沉寂了。

至于沉寂的具体原因，下面的内容中会有专门的说明，尤其是:`link` 伪类，缺点太多，至于:`visited` 伪类，在偏展示类的网站中还是有不可替代的作用的，因此，需要打起精神好好学一学，其中的细节惊人得多。

10.1.1 深入理解:`link` 伪类

:`link` 伪类历史悠久，但如今开发实际项目的时候，很少使用这个伪类，为什么呢？这里带大家深入:`link` 伪类的细节，就知道原因了。

:`link` 伪类用来匹配页面上 href 链接没有访问过的`<a>`元素。例如，我们可以用:`link`

伪类来定义链接的默认颜色为天蓝色：

```
a:link {
    color: skyblue;
}
```

乍一看这个定义没什么问题，但实际上有纰漏，那就是如果链接已经被访问过，那么<a>元素的文字颜色又该是什么呢？结果是系统默认的链接颜色。这就意味着，使用:link 伪类必须指定已访问的链接的颜色，通常使用:visited 伪类进行设置，例如：

```
a:visited { color: lightskyblue; }
```

也可以直接使用 a 标签选择器，但不推荐这么用，因为不符合语义：

```
a { color: lightskyblue; }
```

并且链接通常会设置:hover 伪类，使得鼠标光标经过的时候变色，这就出现了优先级的问题。大家都是伪类，平起平坐，如果把表示默认状态的伪类放在最后，必然会导致其他状态的样式无法生效，因此，:link 伪类一定要放在最前。这里不得不提一下著名的"love-hate 顺序"，即:link→:visited→:hover→:active，其首字母连起来就是 LVHA，即 love-hate 的缩写，很好记忆。

如果记不住也没关系，还有其他方法可以不需要记忆这几个伪类的顺序。HTML 中有 3 种链接元素，分别是<a>、<link>和<area>，可以原生支持 href 属性，但:link 伪类只能匹配<a>元素，因此，实际开发中可以直接写作：

```
:link { color: skyblue; }
```

这样，就算:link 伪类放在最后，也不用担心优先级的问题：

```
a:visited { color: lightskyblue; }
a:hover { color: deepskyblue; }
:link { color: skyblue; }
```

下面来解释:link 伪类沉寂的原因，归根结底就是竞争不过 a 标签选择器，例如：

```
a { color: skyblue; }
```

CSS 开发人员一看，和使用:link 伪类效果一样啊，而且比:link 伪类更好用。

如果网站需要标记已访问的链接，再设置一下:visited 伪类样式即可，如下：

```
a { color: skyblue; }
a:visited { color: lightskyblue; }
```

如果网站不需要标记已访问的链接，则不需要再写任何多余的代码进行处理，这不仅节省了代码，而且更容错，比:link 伪类好用多了。

于是，久而久之，大家也都约定俗成，使用优先级极低的 a 标签选择器来设置默认链接颜色，如果有其他状态需要处理，再使用伪类。

当然，凡事都有两面性，:link 伪类沦为鸡肋后，大家已经不知道:link 伪类与 a 标签选择器相比还是有优势的，那就是:link 伪类可以识别真链接。这是什么意思呢？例如，一些 HTML：

```
<a href>链接</a>
<a name="example">非链接</a>
```

其中<a name="example"></a>并不是一个链接元素，因为其中没有 href 属性，点击它将无反应，也无法响应键盘访问。因此，这段 HTML 对应的文字颜色不是链接颜色，而应该是普通的文本颜色。此时 a 标签选择器的问题就出现了，它会让不是链接的<a>元素也呈现为链接颜色，而:link 伪类就不会出现此问题，它只匹配<a href></a>这段 HTML 元素。

从这一点来看，:link 伪类更合适，也更规范。例如，要移除 href 属性来表示<a>元素按钮的禁用状态，如果使用:link 伪类，那么按钮的禁用和非禁用的 CSS 就更好控制了。

但是，a:link 带来的混乱要比收益多得多，而且有更易理解的替代方法来区分<a>元素的链接性质，那就是直接使用属性选择器代替 a 标签选择器：

```
[href] { color: skyblue; }
```

要区分<a>元素按钮是否禁用可以用下面的方法：

```
.cs-button:not([href]) { opacity: .6; }
```

对于:link 伪类，就让它沉寂下去吧。

10.1.2　怪癖最多的 CSS 伪类:`visited`

千万不要小看:visited 伪类，如果希望让用户知道某个链接已访问并使用其他不同的颜色表示，则纵观整个 Web 领域，只有:visited 伪类可以担此重任。

现在大家开发的 Web 产品多重交互，偏应用，链接大多当按钮用，页面是否访问过并不重要，因此很少有机会使用:visited 伪类。但如果是那种有很多链接的门户网站，或是有很多链接的小说目录页、漫画目录页，标记哪些链接用户访问过就很重要，此时，就不得不借助:visited 伪类了。

同时，:visited 伪类可以说是怪癖最多的伪类，这些怪癖设计的原因都是出于安全考虑。接下来我们将深入这些怪癖，好好了解一下:visited 伪类的诸多有趣特性。

1. 支持的 CSS 属性有限

:visited 伪类选择器支持的 CSS 属性很有限，目前仅支持下面这些 CSS 属性：color、background-color、border-color、border-bottom-color、border-left-color、border-right-color、border-top-color、column-rule-color 和 outline-color。

:visited 伪类不支持::before 和::after 这些伪元素。例如，我们希望使用文字标记已访问的链接，如下：

```
/* 注意，不支持 */
a:visited::after { content: 'visited'; }
```

很遗憾，想法虽好，但没有任何浏览器会支持，请放弃这种想法吧！

不过好在:visited 伪类支持子选择器，但它所能控制的 CSS 属性和:visited 一样，即那几个和颜色相关的 CSS 属性，也不支持::before 和::after 这些伪元素。

例如：

```
a:visited span{color: lightskyblue;}
<a href="">文字<span>visited</span></a>
```

如果链接是浏览器访问过的，则<span>元素的文字颜色会是淡天蓝色，如图 10-1 所示。

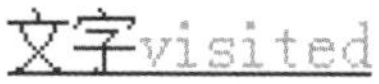

图 10-1 'visited'文字变为淡天蓝色

于是，我们就可以通过下面这种方法实现在访问过的链接文字后面加上一个 visited 字样。HTML 代码如下：

```
<a href="">文字<small></small></a>
```

CSS 代码如下：

```
small { position: absolute; color: white; } /* 这里设置color: transparent 无效 */
small::after { content: 'visited'; }
a:visited small { color: lightskyblue; }
```

效果如图 10-2 所示。

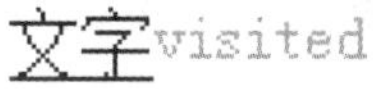

图 10-2 在文字后面显示'visited'字样

2. 没有半透明色

使用:visited 伪类选择器控制颜色时，虽然在语法上它支持半透明色，但是在表现上，要么纯色，要么全透明。

例如：

```
a { color: blue; }
a:visited { color: rgba(255,0,0,.3); }
```

结果不是半透明红色，而是纯红色，完全不透明，如图 10-3 所示。

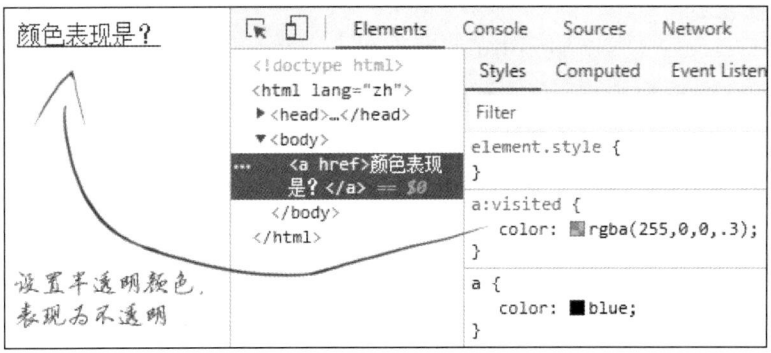

图 10-3　完全不透明颜色示意

3. 只能重置，不能凭空设置

对于下面这段 CSS 代码，已访问的 <a> 元素有背景色吗？

```
a { color: blue; }
a:visited { color: red; background-color: gray; }
```

HTML 代码为：

```
<a href>有背景色吗？</a>
```

答案是没有背景色，如图 10-4 所示。

图 10-4　没有显示背景色

因为 :visited 伪类选择器中的色值只能重置，而不能凭空设置。我们将前面的 CSS 修改成下面的 CSS：

```
a { color: blue; background-color: white; }
a:visited { color: red; background-color: gray; }
```

此时文字的背景色就很神奇地呈现出来了，如图 10-5 所示。

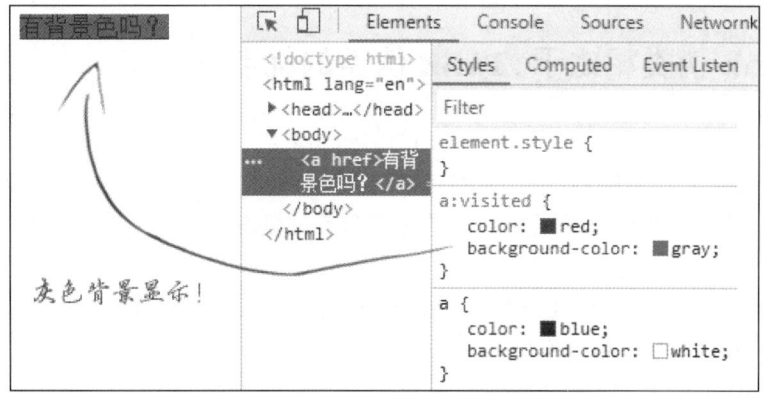

图 10-5　灰色背景色呈现

也就是说，需要有一个默认背景色，这样我们的链接元素在匹配 :visited 的时候才会呈现背景色。

4．无法获取 :visited 设置和呈现的色值

当文字颜色呈现为 :visited 设置的颜色时，我们使用 JavaScript 的 getComputedStyle() 方法将无法获取到这个色值。

已知 CSS 代码如下：

```
a { color: blue; }
a:visited { color: red; }
```

我们的链接呈现红色，此时运行下面的 JavaScript 代码：

```
window.getComputedStyle(document.links[0]).color;
```

结果输出 "rgb(0,0,255)"，也就是蓝色（blue）对应的 RGB 色值，如图 10-6 所示。

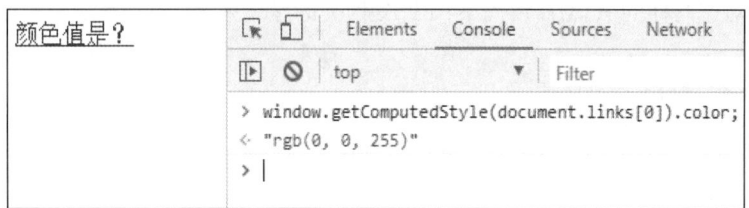

图 10-6　获取的色值是蓝色，而非呈现的红色

10.2　值得关注的超链接伪类 :any-link

本节将介绍一个后起之秀——:any-link 伪类。:any-link 伪类与 :link 伪类有很多相似之处，但比 :link 伪类要实用得多，说它完全弥补了 :link 伪类的缺点也不为过。

:any-link 伪类相比于 :link 伪类的优点

大家应该还记得，前面说过的 :link 伪类的两大缺点：一是能设置未访问的元素的样式，但是对已访问的元素完全无效，已访问的元素还需要额外的 CSS 设置；二是只能作用于 <a> 元素，和标签选择器 a 看起来没差别，但是完全竞争不过更简单有效的标签选择器 a，因而沦为鸡肋伪类。

正是因为 :link 伪类存在这些不足，所以 W3C 官方才推出了新的 :any-link 伪类，:any-link 伪类的实用性发生了根本性变化。

:any-link 伪类有如下两大特性。

- 匹配所有设置了 href 属性的链接元素，包括 <a>、<link> 和 <area> 这 3 种元素。
- 匹配所有匹配 :link 伪类或 :visited 伪类的元素。

我称之为"真·链接伪类"。

下面我们通过一个示例来直观地了解一下 :any-link 伪类。HTML 代码如下：

```
<a href="//www.cssworld.cn?r=any-link">没有访问过的链接</a><br>
<a href>访问过的链接</a><br>
<a>没有设置 href 属性的 a 元素</a>
```

CSS 代码如下：

```
a:any-link { color: white; background-color: deepskyblue; }
```

结果如图 10-7 所示。

图 10-7 :any-link 伪类匹配了已访问和未访问的链接

我们可以对比同样的 HTML 代码下 :link 伪类的呈现效果：

```
a:link {
    color: white;
    background-color: deepskyblue;
}
```

结果如图 10-8 所示[①]。

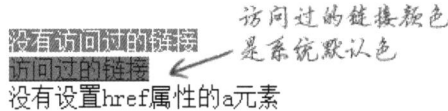

图 10-8 :link 伪类仅匹配了未访问的链接元素

[①] 由于 IE 浏览器不认为空的 href 属性是当前页面地址（认为是当前目录根地址），因此，上面第 2 个 <a> 元素的颜色不会变；如果不是空链接，而是其他访问过的链接，则 IE 浏览器不显示背景色，这有别于 Chrome/Firefox 等浏览器。

对比图 10-7 和图 10-8，可以很容易看出:any-link 伪类的优点：与 a 标签选择器相比，:any-link 伪类可以更加准确地识别链接元素；与:link 伪类相比，使用:any-link 伪类无须担心:visited 伪类对样式的干扰，它是真正意义上的链接伪类。

实际开发项目时，因为我们很少使用<area>元素，<link>元素默认为 display:none，所以我们可以直接使用伪类作为选择器：

```
:any-link {
    color: skyblue;
}
:any-link:hover {
    color: deepskyblue;
}
```

如果担心此处:any-link 的优先级会影响链接元素的样式重置，可以借助:where()伪类，例如下面两段 CSS 代码中的选择器的优先级都是 0，比 a 标签选择器还要低，足够安全：

```
:where(:any-link) {
    color: skyblue;
}
:where(:any-link:hover) {
    color: deepskyblue;
}
```

在兼容性方面，IE 浏览器并不支持:any-link 伪类，但其他浏览器的支持良好，因此，移动端或者其他不需要兼容 IE 浏览器的项目都可以放心使用:any-link 伪类。

10.3　实用却很少使用的目标伪类:`target`

:target 是 IE9 及以上版本的浏览器全部支持且已经支持很多年的 CSS 伪类，它是一个与 URL 地址中的锚点定位强关联的伪类，其设计的初衷非常好，就是通过锚点标记一些重要的布局元素，当用户访问此链接的时候，可以通过 CSS 代码让这些布局元素主动呈现在用户面前。

这种交互行为的实现无须 JavaScript 代码参与，非常简洁高效。对于这种交互技术至少应该耳熟能详。实际上，对这个伪类有所了解并且在实际项目中有使用经验的开发人员寥寥无几。原因其实很简单，JavaScript 可以实现所有与其类似的需求，没有理由再去学习一个没什么人关注的 CSS 特性。

在多年前 IE 浏览器还是主流浏览器的年代，JavaScript 经常被用来开启弹框广告（直接打开浏览器新窗口的那种广告），用户体验极差，因此很多用户会选择禁用 JavaScript。此时，:target 伪类技术就有了应用场景，因为借助此伪类，就算没有 JavaScript 参与，也能实现非常多的常见交互效果。

现在，由于浏览器的安全升级，JavaScript 很难再去做一些不受欢迎的事情，而现代 Web 产品越来越复杂，没有 JavaScript 寸步难行，不可能出现用户禁用 JavaScript 的情况，所以，:target

伪类就不怎么受欢迎。

那么问题来了，:target 伪类是否仍需要学习？根据我多年从业的经验，如果你想在用户体验领域颇有造诣，肯定要学，但是无须把:target 伪类的分量看得过重，而是可以作为兜底的技术实现策略，主策略仍然使用 JavaScript 完成，关于这一点，后面会详细介绍。如果你只是专注于功能实现，只需了解:target 伪类的语法和作用，因为:target 伪类能够完成的事情，JavaScript 也能完成，直接使用 JavaScript 实现就可以了。

接下来正式介绍:target 伪类。

10.3.1 :target 伪类与锚点

假设浏览器地址栏中的地址如下：

```
https://www.cssworld.cn/#cs-anchor
```

则#cs-anchor 就是"锚点"，对应术语是哈希（hash 的音译），即 JavaScript 中 location.hash 的返回值。

URL 锚点可以和页面中 id 匹配的元素进行锚定，浏览器的默认行为是触发滚动定位，同时进行:target 伪类匹配。

举个例子，假设页面有如下 HTML 代码：

```html
<ul>
    <li id="cs-first">第1行，id 是 cs-first</li>
    <li id="cs-anchor">第2行，id 是 cs-anchor</li>
    <li id="cs-last">第3行，id 是 cs-last</li>
</ul>
```

以及如下 CSS 代码：

```css
li:target {
    font-weight: bold;
    color: skyblue;
}
```

则呈现的效果如图 10-9 所示，第二行列表的颜色为天蓝色，同时文字加粗显示。

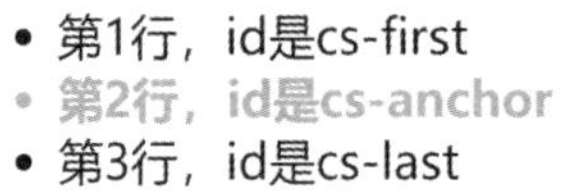

- 第1行，id是cs-first
- **第2行，id是cs-anchor**
- 第3行，id是cs-last

图 10-9 :target 伪类的基本效果

这就是:target 伪类的作用——匹配 URL 锚点对应的元素。

一些细节

部分浏览器（如 IE 浏览器和 Firefox 浏览器）下，<a>元素的 name 属性值等同于锚点值时，也会触发浏览器的滚动定位。例如：

```html
<a name="cs-anchor">a 元素, name 是 cs-anchor</a>
```

这种用法是否可以匹配 `:target` 伪类呢？根据目前的测试，仅 Firefox 浏览器下可以匹配，如果同时有其他 `id` 属性值等同于锚点值的元素，例如：

```html
<a name="cs-anchor">a 元素, name 是 cs-anchor</a>
<ul>
    <li id="cs-first">第 1 行, id 是 cs-first</li>
    <li id="cs-anchor">第 2 行, id 是 cs-anchor</li>
    <li id="cs-last">第 3 行, id 是 cs-last</li>
</ul>
```

则浏览器会优先且唯一匹配 `li#cs-anchor` 元素，`a[name="cs-anchor"]` 元素则被忽略。

总而言之，由于兼容性等原因，不推荐使用`<a>`元素加 `name` 属性值进行锚点匹配。

如果页面有多个元素使用同一个 `id`，则 `:target` 只匹配第一个元素。例如：

```html
<ul>
    <li id="cs-first">第 1 行, id 是 cs-first</li>
    <li id="cs-anchor">第 2 行, id 是 cs-anchor</li>
    <li id="cs-last">第 3 行, id 是 cs-last</li>
    <li id="cs-anchor">第 4 行, id 同样是 cs-anchor</li>
</ul>
```

则呈现的效果如图 10-10 所示，仅第 2 行文字加粗变色，第 4 行文字没有任何变化。

- 第1行，id是cs-first
- **第2行，id是cs-anchor**
- 第3行，id是cs-last
- 第4行，id同样是cs-anchor

图 10-10　`:target` 伪类仅匹配第一个元素

然而，IE 浏览器却不走寻常路，第 2 行和第 4 行的`<li>`元素全匹配了，如图 10-11 所示。

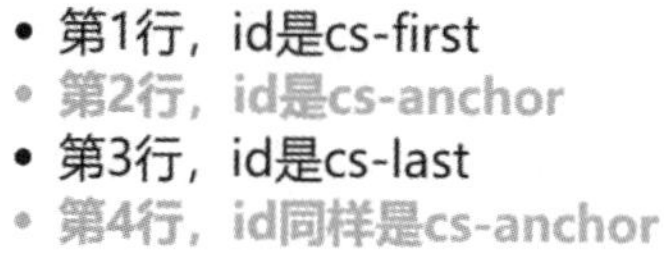

- 第1行，id是cs-first
- **第2行，id是cs-anchor**
- 第3行，id是cs-last
- **第4行，id同样是cs-anchor**

图 10-11　IE 浏览器下 `:target` 伪类匹配全部元素

因此，一定不要使用重复的 `id`，这既会造成不兼容，也不符合语义。如果想实现 `:target` 伪类匹配多个元素，请借助 CSS 选择符实现，例如父子选择符或者兄弟选择符等。

当我们使用 JavaScript 改变 URL 锚点值的时候，也会触发 `:target` 伪类对元素的匹配。例如，运行如下 JavaScript 代码，`:target` 伪类就会匹配页面中对应的`#cs-anchor`元素并产生定位效果：

```
location.hash = 'cs-anchor';
```

如果匹配锚点的元素是 `display:none`，则所有浏览器不会触发任何滚动，但是 `:target` 伪类依然匹配 `display:none` 元素。例如：

```
<ul>
    <li id="cs-first">第 1 行，id 是 cs-first</li>
    <li id="cs-anchor" hidden>第 2 行，id 是 cs-anchor</li>
    <li id="cs-last">第 3 行，id 是 cs-last</li>
</ul>
:target + li {
    font-weight: bold;
    color: skyblue;
}
```

则第 3 行文字将表现为天蓝色同时被加粗，如图 10-12 所示。

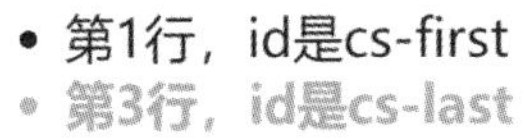

- 第1行，id是cs-first
- 第3行，id是cs-last

图 10-12　`:target` 伪类依然匹配 `display:none` 元素

千万不要小看这种行为表现，设置元素 `display:none` 同时进行 `:target` 伪类匹配是我所知道的实现诸多交互效果同时确保良好体验的唯一有效手段，具体参见 10.3.2 节内容。

10.3.2　`:target` 伪类交互布局技术简介

`:target` 不仅可以标记锚点锚定的元素，还可以用来实现很多原本需要 JavaScript 才能实现的效果。

需要注意的是，下面将介绍的展开与收起效果、选项卡效果都不是最佳实践，甚至可以说缺点大于优点，目的只是抛砖引玉，展示一下 `:target` 伪类的交互能力。`:target` 伪类真正适用的场景是巨大侧边栏的展开与收起、评论模块的展开与收起这种唯一模块主体同时模块比较重的场景。

1. 展开与收起效果

例如，一篇文章只显示了部分内容，需要点击"阅读更多"才显示剩余内容，HTML 代码如下：

```
文章内容，文章内容，文章内容，文章内容，文章内容，文章内容，文章内容……
<div id="articleMore" hidden></div>
<a href="#articleMore" class="cs-button" data-open="true">阅读更多</a>
<p class="cs-more-p">更多文章内容，更多文章内容，更多文章内容，更多文章内容。</p>
<a href="##" class="cs-button" data-open="false">收起</a>
```

这里依次出现了以下 4 个标签元素：
- `div#articleMore` 元素是一直隐藏的锚链元素，用来被 `:target` 伪类匹配；

- `a[data-open="true"]`是"阅读更多"按钮，点击地址栏中的URL地址，锚点值会变成#articleMore，从而触发`:target`伪类的匹配；
- `p.cs-more-p`是默认隐藏的更多的文章内容；
- `a[data-open="false"]`是收起按钮，点击后将重置锚点值，`:target`伪类不会匹配页面的所有元素。

相关CSS代码如下：

```css
/* 默认"更多文章内容"和"收起"按钮隐藏 */
.cs-more-p,
[data-open=false] {
    display: none;
}
/* 匹配后"阅读更多"按钮隐藏 */
:target ~ [data-open=true] {
    display: none;
}
/* 匹配后"更多文章内容"和"收起"按钮显示 */
:target ~ .cs-more-p,
:target ~ [data-open=false] {
    display: block;
}
```

上述CSS的实现原理是把锚链元素放在最前面，然后通过兄弟选择符~来控制对应元素的显隐变化。

传统实现是把锚链元素作为父元素使用，但这样做有一个严重的体验问题：当`display`属性值不是`none`的元素被锚点匹配的时候，会触发浏览器原生的滚动定位行为，而传统实现方法中的父元素`display`的属性值显然不是`none`，于是每当点击"阅读更多"按钮，浏览器都会把父元素瞬间滚动至浏览器窗口的顶部，给用户的感觉就是页面突然跳动了一下，带来了很不好的体验。虽然新的`scroll-behavior:smooth`可以优化这种体验，但是由于兼容性问题，并不是特别好的方案。

综合来看，最好的交互方案就是锚链元素`display:none`，同时把锚链元素放在需要进行样式控制的DOM结构的前面，通过兄弟选择符进行匹配。

我们来看上面例子实现的效果，默认情况下如图10-13所示。

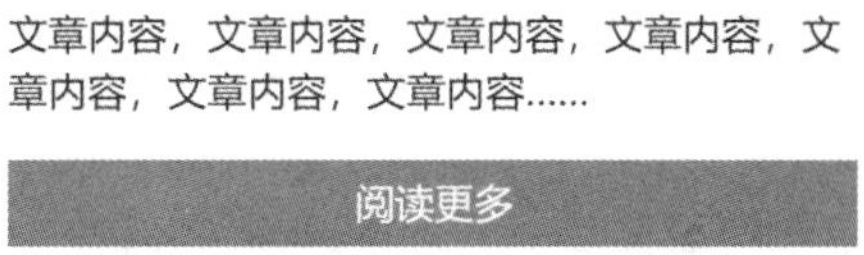

文章内容，文章内容，文章内容，文章内容，文章内容，文章内容，文章内容……

阅读更多

图10-13 展开更多内容的默认效果

点击"阅读更多"按钮后，地址栏中的地址变成 https://demo.cssworld.cn/selector2/10/3-1.php#articleMore，也就是URL哈希锚点变成了#articleMore，这时选择器为#articleMore元素设置的`:target`伪类样式就会匹配，于是，一些元素的显示状态和隐藏状态就发生了变化，布局效果如图 10-14 所示。

图 10-14 展开更多内容后的显示效果

读者可以手动输入 https://demo.cssworld.cn/selector2/10/3-1.php 或扫描下面的二维码体验与学习。

整个交互效果的实现没有任何 JavaScript 代码的参与，同时这种实现方法与第 11 章要介绍的 "单复选框元素显隐技术"相比有一个巨大的好处，那就是我们可以借助 URL 地址记住当前页面的交互状态。例如在本例中，在展开更多内容后，我们再刷新页面，内容依然保持展开状态。不过，在实际开发中，对于上面这种小交互没必要记住展开状态。有些场景则不一样，例如移动端开发中经常会有一些重交互的大面积浮层，这个时候通过锚点标记展开状态就非常有用，尤其是分享给其他用户的时候，进入会自动显示此浮层，这就是非常适合使用 :target 伪类的场景。

还是做个演示页面给大家看看吧，由于浮层这类元素只有显隐两种状态，并没有内容的切换，因此，CSS 代码会干净很多。假设浮层元素和触发复现显示的按钮元素的 HTML 结构如下所示（取自某 UI 组件库）：

```
<ui-popup id="popup" transition position="right">
    <ui-overlay fade mode="bubbling" open></ui-overlay>
    <ui-popup-container>
        <a href="##" part="close">关闭</a>
    </ui-popup-container>
</ui-popup>

<a href="#popup" type="primary" class="ui-button">显示浮层</a>
```

则访问 https://demo.cssworld.cn/selector2/10/3-2.php#popup 这个地址或扫描下面的二维码，都会看到一个 popup 浮层显示在页面中（如图 10-15 所示），点击关闭按钮，popup 浮层隐藏，其中的显示和隐藏还伴随动画效果，全程无任何 JavaScript 代码参与。

图 10-15　popup 浮层默认展开效果

这种场景就特别适合用 :target 伪类实现。

另外，从技术角度讲，:target 伪类还可以实现类似选项卡这种多个元素一对一切换的效果。

2．选项卡效果

由于选项卡效果的实现代码实在是不美观，因此，源代码就不在书中展示了，大家有兴趣可以手动输入 https://demo.cssworld.cn/selector2/10/3-3.php 或扫描下面的二维码体验与学习。

例如，点击"选项卡 2"，浏览器地址栏的 URL 地址是 https://demo.cssworld.cn/selector2/10/3-3.php#tabPanel2，此时的选项卡效果如图 10-16 所示。

图 10-16　选中第二个选项卡的效果

此时，如果刷新页面，第二个选项卡依然会保持显示，这表明系统自动记住了用户之前的选择。

虽然最终实现的效果还可以，但是**千万不要在真实的项目中使用**：target **伪类实现选项卡效果**，除非:has 伪类或者:target-within 伪类大规模普及，此时 HTML 结构才能变得优雅，CSS 代码变得美观。

3. 双管齐下

:target 伪类交互技术显然是不完美的，原因在于，一是只适合简单的交互，一旦交互元素多，则代码会变得非常不美观且复杂；二是它对 DOM 结构有要求，锚链元素需要放在前面（:has 伪类大规模普及后这个不足会存在）；三是它的布局效果不稳定。接着上面的例子，由于 URL 地址中的锚点只有一个，因此一旦页面中的其他位置有一个锚点链接，如 href 的属性值是###，用户一点击，原本选中的第二个选项卡就会莫名其妙地切换到第一个选项卡，因为锚点变化了。这可能并不是用户所希望的。

因此，在实际开发中，如果对项目要求很高，推荐使用双管齐下的实践策略，具体如下。

（1）默认按照:target 伪类交互技术实现，实现的时候与一个类名标志量关联。

（2）JavaScript 也正常实现选项卡交互，当 JavaScript 成功绑定后，移除类名标志量，交互由 JavaScript 接手。

这样，用户体验既保持了敏捷，也保持了健壮，这才是理想的用户体验实现，对于比较重要的项目，建议用这种方式实现，对于不太重要的项目，在权衡成本和收益之后，直接用 JavaScript 代码"一把梭"。

10.4　了解目标容器伪类:target-within

有需求就会有相应的实现。:target 伪类交互技术的一个不足就是目前只能借助兄弟关系实现，对 DOM 结构有要求，但现在有了:target-within 伪类，DOM 结构要从容多了。

:target-within 伪类可以匹配:target 伪类匹配的元素，或者匹配存在:target 伪类匹配后代元素（包括文本节点）的元素。

例如，假设浏览器的 URL 后面的锚点地址是#cs-anchor，HTML 代码如下：

```
<ul>
    <li id="cs-first">第 1 行，id 是 cs-first</li>
    <li id="cs-anchor">第 2 行，id 是 cs-anchor</li>
    <li id="cs-last">第 3 行，id 是 cs-last</li>
    <li id="cs-anchor">第 4 行，id 同样是 cs-last</li>
</ul>
```

则 :target 伪类匹配的是 li#cs-anchor 元素，而 :target-within 伪类不仅可以匹配 li#cs-anchor 元素，还可以匹配父元素 ul，因为 :target 伪类匹配 ul 的后代元素 li#cs-anchor。

:target-within 伪类的含义与 :focus-within 伪类的含义类似，区别在于，前者是 :target 伪类的祖先匹配，后者是 :focus 伪类的祖先匹配。然而，这两个选择器的浏览器支持情况却大相径庭，:focus-within 伪类目前已经可以在实际项目中使用，而 :target-within 伪类还没有浏览器支持。根据我的判断，:target 匹配原本就是在 DOM 完全加载完毕后才触发的，技术支持与现有渲染机制并不冲突，理论上是可行的，因此，以后很有可能会支持。因为目前尚未有浏览器支持这一伪类，所以这里不展开介绍。

10.5　了解链接匹配伪类 `:local-link`

对于 :local-link 伪类，如果浏览器支持的话是一个挺实用的伪类。这个伪类很有意思，可以匹配 href 属性值是当前 URL 地址的链接元素。例如有如下 HTML 和 CSS 代码：

```
<a href="#target">当前页</a><br>
<a href="https://example.com">外部页</a>

a:local-link {
  color: red;
}
```

此时，理论上，第一个链接元素的颜色是红色，如图 10-17 所示。

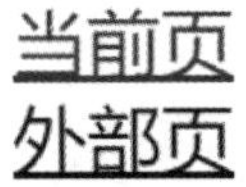

<u>当前页</u>
<u>外部页</u>

图 10-17　:local-link 伪类匹配理想示意

这个特性特别适合用在导航元素的选中高亮效果上，可惜，到目前为止，还没有任何浏览器支持此选择器。

第 11 章

表单开发相关的伪类

第 10 章介绍了链接元素（如<a>元素）相关的伪类。本章将介绍与表单控件元素（如<input>、<select>和<textarea>）相关的伪类，这些伪类中有很多非常实用，它们可以脱离表单开发场景，实现很多常见的交互效果。

11.1 输入控件状态

本节介绍的所有伪类都可以在实际项目中使用。

11.1.1 可用状态伪类:enabled 与禁用状态伪类:disabled

:enabled 伪类和:disabled 伪类从 IE9 浏览器就已经开始支持，可以放心使用。
由于在实际项目中:disabled 伪类用得较多，因此我们先介绍:disabled 伪类。

1. 从:disabled 伪类说起

先来看看:disabled 伪类的基本用法。最简单的用法是实现禁用状态的输入框，HTML 代码如下：

```
<input disabled>
```

此时，我们就可以使用:disabled 伪类设置输入框的样式。例如，设置背景色为浅灰色：

```
:disabled {
    border: 1px solid lightgray;
    background: #f0f0f3;
}
```

效果如图 11-1 所示。

图 11-1　输入框处于禁用状态时背景置为浅灰色（使用 :disabled 伪类实现）

实际上，直接使用属性选择器也能设置禁用状态的输入框的样式，例如：

```
[disabled] {
    border: 1px solid lightgray;
    background: #f0f0f3;
}
```

效果是一样的，如图 11-2 所示。

图 11-2　输入框处于禁用状态时背景置为浅灰色（使用属性选择器实现）

后一种方法的兼容性更好，IE8 浏览器也支持。这就奇怪了，为何还要"多此一举"，设计一个 :disabled 伪类呢？这个问题的解答可参见 11.2.1 节，与 :checked 伪类的设计原因有很多相似之处。

2. :enabled 和 :disabled 若干细节知识

我们需要先搞明白 :enabled 伪类与 :disabled 伪类是否对立。

对于常见的表单元素，:enabled 伪类与 :disabled 伪类确实是对立的，也就是说，如果这两个伪类样式同时设置，有且只有一个伪类样式匹配。下面以输入框元素为例，CSS 代码如下：

```
:disabled {
    border: 1px solid lightgray;
    background: #f0f0f3;
}
:enabled {
    border: 1px solid deepskyblue;
    background: lightskyblue;
}
```

HTML 代码如下：

```
<input disabled value="禁用">
<input readonly value="只读">
<input value="普通">
```

readonly（只读）状态也认为是 :enabled，最终效果如图 11-3 所示。

图 11-3　:enabled 与 :disabled 两种样式中必定渲染其一

本书第 1 版中提到，在 Chrome 浏览器下，:enabled 伪类也可以匹配带有 href 属性的 <a> 元素，这其实是不对的，现在 Chrome 浏览器已经解决了此问题，大家在使用 :enabled

伪类的时候可以无须顾虑<a>元素了。

其他细节

对于<select>下拉框元素，无论是<select>元素自身，还是其后代<option>元素，:enabled 伪类和:disabled 伪类都能匹配，所有浏览器都支持。例如有如下 HTML 代码和 CSS 代码：

```html
<select multiple>
  <option>选项 1</option>
  <option disabled>选项 2</option>
  <option>选项 3</option>
  <option>选项 4</option>
</select>

option:disabled {
  color: silver;
}
```

最终的渲染效果如图 11-4 所示，可以看到设置了 disabled 属性的<option>元素中的文字是银色的。

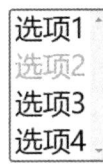

图 11-4　:disabled 伪类匹配<option>元素

在 IE 浏览器下:enabled 伪类与:disabled 伪类并不匹配<fieldset>元素，这是有问题的，但其他浏览器没有这个问题。因此，如果使用<fieldset>元素一次性禁用所有表单元素，就不能通过:disabled 伪类识别（如果要兼容 IE 浏览器），可以使用 fieldset[disabled] 选择器进行匹配。

设置 contenteditable="true" 的元素虽然也有输入特性，但是:enabled 伪类不能匹配，所有浏览器都不支持。同样，:enabled 伪类也不能匹配设置 tabindex 属性的元素。

设置 visibility:hidden 或者 display:none 的元素依然能够被:enabled 伪类和:disabled 伪类匹配。

3. :enabled 伪类和:disabled 伪类的实际应用

:enabled 伪类在 CSS 开发中是略显鸡肋的伪类，因为表单元素默认就是 enabled 状态的，不需要额外的:enabled 伪类匹配。例如，可以像下面这样做：

```css
.cs-input {
  border: 1px solid lightgray;
  background: white;
```

```
}
.cs-input:disabled {
    background: #f0f0f3;
}
```

而无须多此一举,再写上 :enabled 伪类:

```
/* :enabled 多余 */
.cs-input:enabled {
    border: 1px solid lightgray;
    background: white;
}
.cs-input:disabled {
    background: #f0f0f3;
}
```

但是 :enabled 伪类在 JavaScript 开发中很有用,因为 JavaScript 没有 CSS 这样的语句覆盖特性,必须精准匹配对应的元素才行。所以,我们要想获取表单中的可用控件元素,只能使用 :enabled 伪类。例如我们可以使用 document.querySelectorAll ('form :enabled') 查询所有可用表单元素,以实现自定义的表单序列化方法。

至于 :disabled 伪类,最常用的应该就是按钮了。

只要你的网页项目不需要兼容旧版本的 IE 浏览器,就可以使用原生的<button>按钮实现,这样做的优点非常多。以按钮禁用为例,点击按钮发送 Ajax 请求是一个异步过程,为了防止重复点击请求,通常的做法是设置标志量。实际上,如果是原生的按钮(无论是<button>按钮还是<input>按钮),只要设置按钮 disabled = true,点击事件自然就会失效,无须用额外的 JavaScript 代码进行判断,同时语义更明确,而且可以使用 :disabled 伪类精确控制样式。例如:

```
<button id="csButton" class="cs-button">删除</button>
/* 按钮处于禁用状态时的样式 */
.cs-button:disabled {}
csButton.addEventListener('click', function () {
    this.disabled = true;
    // 运行 ajax
    // ajax 完成后设置按钮 disabled 为 false
});
```

充分利用浏览器内置行为会使代码更简洁,功能更健壮,语义更明确,因此没有不使用它的理由。

由于历史遗留原因,网页中的按钮多使用<a>元素。对于禁用状态,很多人会用 pointer-events:none 来控制,虽然用鼠标点击它确实无效,但是按 Tab 键依然可以访问它,按 Enter 键也依然可以触发点击事件,所以用这种方法实现的其实是伪禁用。同时,设置了 pointer-events:none 的元素无法显示 title 提示,可用性反而降低了。因此,尽量使用原生按钮实现交互效果。

11.1.2 读写特性伪类:read-only 和 :read-write

这两个伪类很好理解,它们用于匹配输入框元素只读或者可读可写。

这两个伪类名称中都有短横线,由于"只读"的 HTML 属性是 readonly,中间没有短横线,因此很多人会记混,因此提醒大家注意伪类名称中有短横线。

另外,这两个伪类只作用于<input>和<textarea>这两个元素[①]。

现在,我们通过一个简单的例子,快速了解一下这两个伪类:

```
<textarea>默认</textarea>
<textarea readonly>只读</textarea>
<textarea disabled>禁用</textarea>
```

CSS 代码为:

```
textarea {
    border: 1px dashed gray;
    background: white;
}
textarea:read-write {
    border: 1px solid black;
    background: gray;
}
textarea:read-only {
    border: 1px solid gray;
    background: lightgray;
}
```

结果如图 11-5 所示,:read-write 伪类只匹配了默认状态的输入框。

图 11-5 :read-write 伪类只匹配默认状态

可能很多人会认为:read-write 伪类的效果理所当然应该像图 11-5 一样,但是在前几年,:read-write 伪类的匹配规则出乎意料,对于明明不能输入任何信息的禁用状态,:read-write 伪类居然匹配,如图 11-6 所示:

图 11-6 :read-write 伪类也匹配禁用状态

[①] :read-write 伪类在 Firefox 浏览器下可以作用于 contentediabled="true"的元素,由于非标准,且无实用价值,故不对其进行介绍。

好在 Chrome 浏览器在开发人员的不断反馈下调整了原先的匹配规则，对于 `:disabled` 伪类匹配的输入框，`:read-write` 伪类无法匹配，而是由 `:read-only` 伪类匹配。

和 `:enabled` 伪类一样，`:read-write` 伪类在 CSS 中的出现机会有限，因为输入框的默认状态就是 `:read-write`，我们很少会额外设置 `:read-write` 伪类，只会使用 `:read-only` 对处于 `readonly` 状态的输入框进行样式重置。`:read-write` 伪类只会出现在使用 JavaScript 进行 DOM 操作的场景中，此时可以使用 `:read-write` 伪类轻松匹配当前可输入的元素。

`:read-write` 和 `:read-only` 伪类并不被 IE 浏览器支持，所以遇到需要兼容 IE 浏览器的项目时只能借助属性选择器进行匹配，例如：

```
textarea[readonly] {
    border: 1px solid gray;
    background: lightgray;
}
```

`readonly` 和 `disabled` 的区别

设置 `readonly` 属性的输入框不能输入内容，但它可以被表单提交；设置 `disabled` 属性的输入框不能输入内容，也不能被表单提交。设置 `readonly` 属性的输入框的样式和普通输入框类似，但是浏览器会将设置了 `disabled` 属性的输入框中的文字置灰来加以区分。

11.1.3　占位符显示伪类 `:placeholder-shown`

`:placeholder-shown` 伪类的匹配和 `placeholder` 属性密切相关。`:placeholder-shown` 顾名思义就是"占位符显示伪类"，表示当输入框的 `placeholder` 内容显示的时候，匹配该输入框。

例如：

```
<input placeholder="输入任意内容">
input {
    border: 2px solid gray;
}
input:placeholder-shown {
    border: 2px solid black;
}
```

默认状态下，输入框的值为空，`placeholder` 属性对应的占位符内容显示，此时 `:placeholder-shown` 伪类匹配，边框颜色表现为黑色；当我们输入任意文字，如"CSS 世界"时，由于占位符内容不显示，因此 `:placeholder-shown` 伪类无法匹配，边框颜色表现为灰色，如图 11-7 所示。

浏览器对于 `:placeholder-shown` 伪类的兼容性非常好，除 IE 浏览器不支持之外，在其他场景下都能放心使用，目前最经典的应用是纯 CSS 实现 Material Design 风格占位符交互效果。

178 第 11 章 表单开发相关的伪类

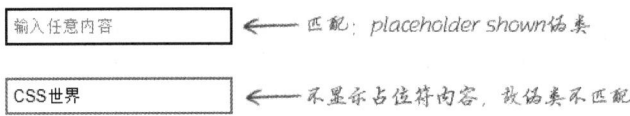

图 11-7 :placeholder-shown 伪类的基本作用示意

1. 实现 Material Design 风格占位符交互效果

这种交互风格如图 11-8 所示（官方效果截图），输入框处于聚焦状态时，输入框的占位符内容以动画形式移动到左上角作为标题存在。现在这种设计在移动端很常见，因为宽度较稀缺。相信不少人在实际项目中实现过这种交互，而且一定是借助 JavaScript 实现的。

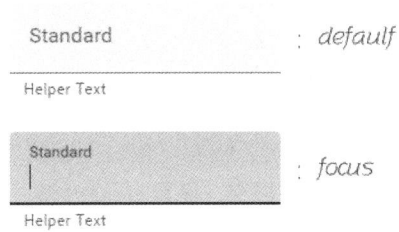

图 11-8 Material Design 风格占位符交互示意

实际上，我们可以借助 CSS :placeholder-shown 伪类（纯 CSS，无任何 JavaScript）实现同样的占位符交互效果。例如，图 11-9 展示的就是我实现的真实效果截图。

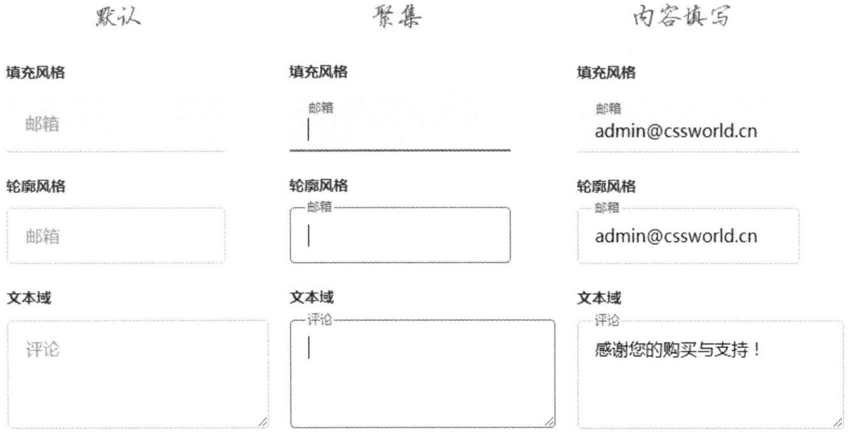

图 11-9 Material Design 风格占位符交互实现截图

以第一个"填充风格"的输入框为例，它的 HTML 结构如下：

```
<div class="input-fill-x">
    <input class="input-fill" placeholder="邮箱">
```

```html
    <label class="input-label">邮箱</label>
</div>
```

首先，使浏览器默认的 `placeholder` 效果不可见，只需将 `color` 设置为 `transparent`，CSS 如下：

```css
/* 默认 placeholder 颜色透明不可见 */
.input-fill:placeholder-shown::placeholder {
    color: transparent;
}
```

然后，用下面的 `.input-label` 元素替代浏览器原生的占位符而成为我们看到的占位符。我们可以采用绝对定位：

```css
.input-fill-x {
    position: relative;
}
.input-label {
    position: absolute;
    left: 16px; top: 14px;
    pointer-events: none;
}
```

最后，在输入框聚焦以及占位符不显示的时候对 `<label>` 元素进行重定位（缩小并移动到上方）：

```css
.input-fill:not(:placeholder-shown) ~ .input-label,
.input-fill:focus ~ .input-label {
    transform: scale(0.75) translate(0, -32px);
}
```

效果达成！显然，这要比使用 JavaScript 写各种事件和判断各种场景简单多了。

眼见为实，读者可以手动输入 https://demo.cssworld.cn/selector2/11/1-1.php 或扫描下面的二维码体验与学习。

2. `:placeholder-shown` 与空值判断

由于 `placeholder` 内容只在空值状态的时候才显示，因此我们可以借助 `:placeholder-shown` 伪类来判断一个输入框中是否有值。

例如：

```css
textarea:placeholder-shown + small::before,
input:placeholder-shown + small::before {
    content: '尚未输入内容';
```

```
    color: red;
    font-size: 87.5%;
}
<input placeholder=" "> <small></small>
<textarea placeholder=" "></textarea> <small></small>
```

可以看到输入框中尚未输入内容的时候出现了空值提示信息，如图 11-10 所示。

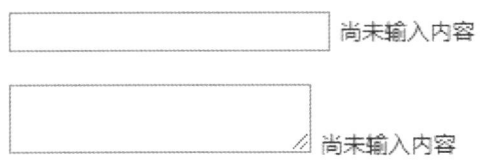

图 11-10　空值提示示意

当我们在输入框内输入内容，可以看到提示信息消失了，如图 11-11 所示。

图 11-11　输入文本后空值提示信息消失示意

于是，我们不用 JavaScript 就可以实现用户必填内容的验证提示交互。不过，从实操角度讲，使用 required 属性配合 :invalid 属性判断是否填写了输入框内容更合适。

11.1.4　使用 :autofill 伪类自定义自动填充样式

为了方便记录用户的常用信息，所有的现代浏览器都有一个表单自定义填充的特性，例如，在 A 网站输入了邮箱地址，如果 B 网站输入框的 name 属性值与 A 网站一致，则聚焦 B 网站的输入框的时候，浏览器会自动显示一个下拉列表，列出用户使用过的邮箱地址，这样，用户无须使用键盘就可以输入准确的邮箱地址。这是非常好的体验增强特性。

但是，浏览器为了区分输入内容是自动填充还是用户手动输入的，会使自动填充内容后的输入框显示不一样的高亮色，例如黄色背景或者蓝色背景（取决于操作系统和浏览器版本）。由于这种高亮色往往和产品的主题色不一致，因此存在强烈的重置高亮色的需要。

此时显然需要用到 :autofill 伪类（根据 Caniuse 网站的数据，Chrome 浏览器还需要添加 -webkit- 私有前缀），专门匹配使用自动填充效果的输入框，例如：

```
input:autofill { background-color: #fff; }
```

然而，事情远没有想象的那么简单。照理说，输入框设置了背景色后，自动填充的高亮色背景就应该消失，可实际上这种效果并没有出现，输入框依然是系统默认的高亮色。

对于这个问题，我的做法是使用白色的 box-shadow 内阴影模拟白色的覆盖层，以遮蔽输入框的高亮色背景。

```
input:autofill {
-webkit-box-shadow: 0 0 0 1000px #fff inset;
    background-color: transparent;
}
```

实现的效果如图 11-12 所示，可以看到下面处理后的自动填充输入框的背景色是白色，而上面没有处理的输入框的背景色是淡蓝色。

图 11-12　改变自动填充输入框背景色的对比效果示意

读者可以手动输入 https://demo.cssworld.cn/selector2/11/1-2.php 或扫描下面的二维码体验与学习。

11.1.5　默认选项：`default` 伪类

CSS :default 伪类选择器只能作用在表单元素上，表示处于默认状态的表单元素。

举个例子，一个下拉框可能有多个选项，我们会默认使某个 `<option>` 处于 selected 状态，此时这个 `<option>` 可以看成处于默认状态的表单元素（如下面示意代码中的"选项 4"），理论上 :default 伪类选择器可以匹配。

```
<select multiple>
    <option>选项 1</option>
    <option>选项 2</option>
    <option>选项 3</option>
    <option selected>选项 4</option>
```

```
        <option>选项 5</option>
        <option>选项 6</option>
</select>
```

假设 CSS 代码如下：

```
option:default {
    color: red;
}
```

则我们选择其他选项，就可以看到默认"选项 4"是红色的，效果如图 11-13 所示。

图 11-13　默认"选项 4"是红色的

IE 浏览器不支持 :default 伪类。移动端可以放心使用 :default 伪类，不用考虑 IE 浏览器的桌面端项目也可以用。

1. :default 伪类的作用与细节

CSS :default 伪类的作用是让用户在选择一组数据时知道默认选项是什么，否则一旦选项增多，就不知道默认选项是哪一个了。这是一种体验增强特性。虽然它的作用不是特别强大，但是关键时刻很有用。

下面介绍 :default 伪类的一些细节。

JavaScript 的快速修改不会影响 :default 伪类。

测试代码如下：

```
:default {
  transform: scale(1.5);
}
<input type="radio" name="city" value="0">
<input type="radio" name="city" value="1" checked>
<input type="radio" name="city" value="2">
<script>
document.querySelectorAll('[type="radio"]')[2].checked = true;
</script>
```

也就是说，HTML 是将第二个单选框放大 1.5 倍，然后瞬间将第三个单选框设置为选中，结果发现即使切换速度特别快，哪怕是几乎无延迟的 JavaScript 修改，:default 伪类选择器的渲染也不受影响。实际渲染效果如图 11-14 所示。

图 11-14　单选按钮选中和放大效果

如果<option>没有设置 selected 属性，浏览器会默认呈现第一个<option>，此时:default 伪类不会匹配第一个<option>。例如：

```
option:default {
   color: red;
}
<select name="city">
   <option value="-1">请选择</option>
   <option value="1">北京</option>
   <option value="2">上海</option>
   <option value="3">深圳</option>
   <option value="4">广州</option>
   <option value="5">厦门</option>
</select>
```

结果第一个<option>没有变成红色，如图 11-15 所示。因此，要想:default 伪类匹配，selected 必须为 true。同样，对于单复选框，checked 属性值也必须为 true。

图 11-15　"请选择"没有变红

2. :default 伪类的实际应用

虽然:default 伪类用来标记默认状态，以避免选择混淆，但实际上，它更有实用价值的应用应该是"推荐标记"。

例如，某产品有多个支付选项，其中商家推荐使用微信支付，如图 11-16 所示。

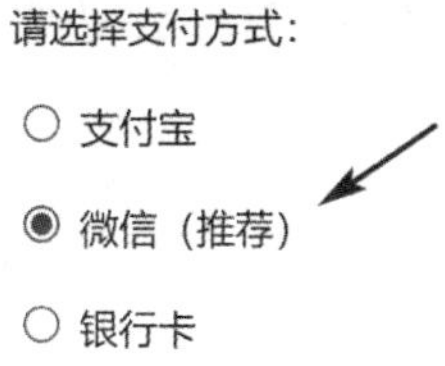

图 11-16　"推荐"字样显示

以前的做法是默认选中微信支付选项，并在后面加上"（推荐）"。这样实现有一个缺点：如果以后要改变推荐的支付方式，需要修改单选框的 checked 属性和"（推荐）"文字的位置。

有了:default 伪类，可以让它变得更加简洁，也更容易维护。使用如下 CSS 代码和 HTML 代码就可以实现图 11-16 所示的效果：

```css
input:default + label::after {
    content: '（推荐）';
}
```

```html
<p><input type="radio" name="pay" id="pay0"> <label for="pay0">支付宝</label></p>
<p><input type="radio" name="pay" id="pay1" checked> <label for="pay1">微信</label></p>
<p><input type="radio" name="pay" id="pay2"> <label for="pay2">银行卡</label></p>
```

由于:default 伪类的匹配不受之后 checked 属性值变化的影响，因此"（推荐）"会一直跟在"微信"的后面，功能不会发生变化。这样做之后维护更方便了，例如，如果以后想将推荐支付方式更换为"支付宝"，则直接设置"支付宝"对应的<input>单选框为 checked 状态即可，"（推荐）"文字会自动跟在"支付宝"的后面，整个过程我们只需要修改一处代码。

读者可以手动输入 https://demo.cssworld.cn/selector2/11/1-3.php 或扫描下面的二维码体验与学习。

11.2 输入值状态

下面要介绍的两个伪类是与单选框和复选框这两类表单元素（HTML 示意如下）密切相关的。

```html
<!-- 单选框 -->
<input type="radio">
<!-- 复选框 -->
<input type="checkbox">
```

11.2.1 实用的选中选项伪类:checked

本节介绍的:checked 伪类交互技术是整个 CSS 伪类交互技术中最实用、满意度最高的技术，可能有一些开发人员对此技术已经有所了解，耐下心来，说不定会发现你没有注意到的一些知识点。

我们先通过一个简单的例子，快速了解一下这个伪类：

```css
input:checked {
    box-shadow: 0 0 0 2px red;
}
```
```html
<input type="checkbox">
<input type="checkbox" checked>
```

结果如图 11-17 所示，处于选中状态的复选框外多了一个 2 像素宽的红色线框。

图 11-17 :checked 伪类匹配了处于选中状态的复选框

实际上,这里直接使用属性选择器也能得到一样的效果:

```
input[checked] {
    box-shadow: 0 0 0 2px red;
}
```

那么问题来了,:checked 伪类的意义是什么呢?这个问题的答案和下面两个问题的答案类似,一并解答。

- 既然[disabled]也能匹配,那么:disabled 伪类的意义是什么?
- 既然[readonly]也能匹配,那么:read-only 伪类的意义是什么?

1. 为何不直接使用[checked]属性选择器

不直接使用[checked]属性选择器有 3 个重要原因。

(1) :checked 只能匹配标准表单控件元素,而不能匹配其他普通元素,即使普通元素设置了 checked 属性。但是[checked]属性选择器可以与任意元素匹配。例如:

```
:checked { backgroud: skyblue; }
[checked] { border: 2px solid deepskyblue; }
<canvas width="120" height="80" checked></canvas>
```

结果如图 11-18 所示,边框有颜色,背景却没有颜色,这是因为:checked 伪类为表单元素专属。

图 11-18 :checked 伪类无法匹配<canvas>元素,[checked]属性选择器可以匹配

(2) [checked]属性的变化并非实时的,这是不建议使用[checked]属性选择器控制单复选框选中状态样式的最重要原因。例如,已知:

```
<input type="checkbox">
```

此时我们使用 JavaScript 设置该复选框的 checked 状态为 true:

```
document.querySelector('[type="checkbox"]').checked = true;
```

结果虽然在视觉上复选框表现为选中状态,但是实际上 HTML 代码中并没有 checked 属性,如图 11-19 所示。

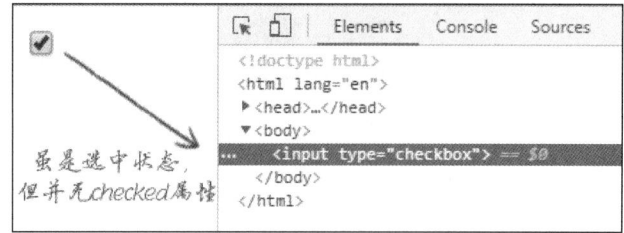

图 11-19 复选框表现为选中状态但无 checked 属性

这就意味着，使用[checked]属性选择器控制单复选框的样式时会出现匹配不正确的情况，而:checked 伪类匹配就不存在这个问题。因此，不建议使用[checked]属性选择器。

根据我的测试，这种真实状态和属性值不匹配的场景主要在 checked 状态变化的时候出现，disabled 状态发生变化时浏览器会自动同步相关属性值。

（3）伪类可以正确匹配从祖先元素继承的状态，但是属性选择器不可以。例如：

```
<fieldset disabled>
    <input>
    <textarea></textarea>
</fieldset>
```

如果<fieldset>元素设置 disabled 属性，则内部所有的表单元素也会处于禁用状态，而不管有没有设置 disabled 属性。此时，由于<input>元素没有设置 disabled 属性，因此 input[disabled]以及 textarea[disabled]选择器是不能正确匹配的，但是:disabled 伪类选择器可以正确匹配：

```
/* 可以正确匹配处于禁用状态的<fieldset>子元素 */
input:disabled,
textarea:disabled {
    border: 1px solid lightgray;
    background: #f0f0f3;
}
```

2．单复选框元素显隐技术

由于单选框和复选框的选中行为是由点击事件触发的，因此在配合使用兄弟选择符的情况下，可以选择无须使用 JavaScript 实现多种点击交互行为，如展开与收起、选项卡切换或者多级下拉列表等。

例如，要实现展开与收起效果的 HTML 代码如下：

```
文章内容，文章内容，文章内容，文章内容，文章内容，文章内容，文章内容......
<input type="checkbox" id="articleMore">
<label class="cs-button" for="articleMore" data-open="true">阅读更多</label>
<p class="cs-more-p">更多文章内容，更多文章内容，更多文章内容，更多文章内容。</p>
<label class="cs-button" for="articleMore" data-open="false">收起</label>
```

CSS 代码如下：

```
[type="checkbox"] {
    position: absolute;
    clip: rect(0 0 0 0);
}
/* 默认"更多文章内容"和"收起"按钮隐藏 */
.cs-more-p,
[data-open=false] {
    display: none;
}
/* 匹配后"阅读更多"按钮隐藏 */
:checked ~ [data-open=true] {
    display: none;
}
/* 匹配后"更多文章内容"和"收起"按钮显示 */
:checked ~ .cs-more-p,
:checked ~ [data-open=false] {
    display: block;
}
```

细心的读者肯定会注意到这里实现的核心逻辑和 `:target` 伪类是一样的，实现方法的差别在于，这里使用了`<label>`元素和隐藏的复选框关联，而 `:target` 伪类技术则使用了`<a>`元素和隐藏的锚链元素关联。两者实现的效果也一样，默认效果如图 11-20 所示。

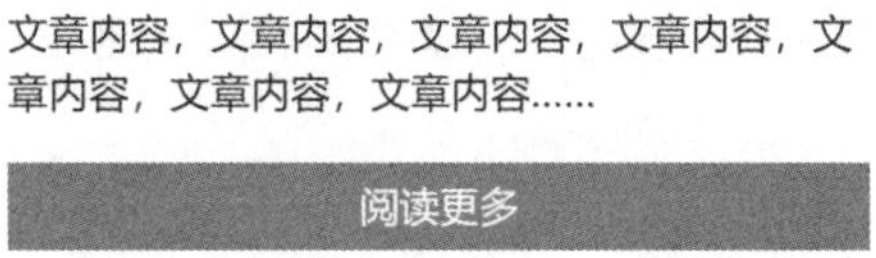

图 11-20　展开显示更多内容这种交互效果的默认状态

点击"阅读更多"按钮后，布局效果如图 11-21 所示。

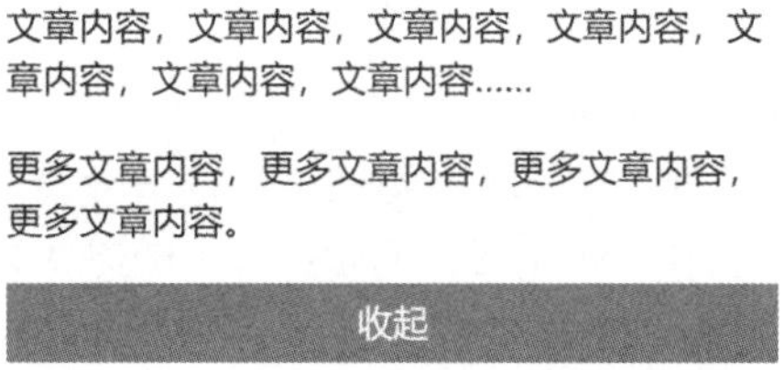

图 11-21　展开更多内容后的显示效果

读者可以手动输入 https://demo.cssworld.cn/selector2/11/2-1.php 或扫描下面的二维码体验与学习。

同样，我们也可以仿照 :target 伪类的方式实现 :checked 伪类的选项卡效果。

选项卡效果本质上是多选一，与 [type="radio"] 是一致的，可以使用单选框元素和 :checked 伪类实现。关于最终效果和对应的源代码，读者可以访问此网址 https://demo.cssworld.cn/selector2/11/2-2.php 或扫描下面的二维码体验与学习。

例如，点击"选项卡 2"，将出现图 11-22 所示的效果。

图 11-22　选中"选项卡 2"的效果

在实际开发中，我们可以使 HTML 结构变得足够扁平，这样可以大大减少 CSS 代码量。这里的例子是直接按照最复杂模式实现的，所以 CSS 代码量比较多。

立足于实际开发

上面这两个简单的例子都使用了 <label> 元素，只要 <label> 元素的 for 属性值和单复选框的 id 一致，点击 <label> 元素就等同于点击单复选框，从而实现我们想要的效果。

但实际上 <label> 元素并不是实现单复选框元素显隐技术的必选项。使用 <label> 元素的最大优点是，可以将单选复选元素放置在页面的任意位置，实现方式更加灵活，但在有些场景中这并不是最佳的实现方式。

下面是我的一些经验之谈，很重要。

虽然用单复选框技术可以实现展开和收起效果、选项卡效果，甚至树形结构效果，但是，不要在实际项目中这么做，因为这并不是最佳的实现方式。展开和收起效果（树形结构的本质也是展开和收起）的最佳实现方式是使用 <details> 元素和 <summary> 元素技术，其次是 JavaScript，最后才是单复选框显隐技术。对于展开和收起效果，单复选框显隐技术只是不符合语义的奇技淫巧。

用单复选框显隐技术实现选项卡效果也是不可取的，因为它的语义很糟糕，维护也是一个问题，且没有记忆功能。最好的实现方式是先使用 :target 伪类实现选项卡切换效果，这是一种纯 CSS 实现方法，然后使用 JavaScript 实现选项卡切换效果，同时使 CSS 切换选项卡的功能失效，其实现方法很简单，点击选项卡对应的 <a> 元素按钮时阻止 <a> 元素默认的跳转行为即可。此时，就算用户禁用了 JavaScript，或者 JavaScript 加载缓慢，又或者 JavaScript 运行错误中止了，也不会影响正常的选项卡切换功能，因为有纯 CSS 实现的选项卡技术兜底。

那么什么样的场景才适合单复选框显隐技术呢？其实非常多，如自定义单复选框、开关效果、图片或者列表的选择等。这些场景有一个共同特点，那就是点击的交互元素是我们需要选择的对象。从技术角度来讲，就是可以不借助`<label>`元素，而直接将单复选框元素透明度`opacity:0`覆盖在选择元素上，这样也能实现交互功能。

单复选框元素技术通常有 3 种实现策略：第一种是`<label>`元素关联，第二种是将单复选框元素覆盖在目标元素上，第三种是同时使用这两种方式。从功能上讲，采用第一种方式来实现就够了，但要考虑在无障碍访问的情况下，尤其对于移动端（屏幕阅读软件基于触摸识别），如果 DOM 结构合适，建议使用覆盖实现。

接下来，我将展示若干与单复选框技术有关的最佳实践示例。

（1）自定义单复选框

浏览器原生的单复选框常常和设计风格不匹配，需要自定义，最好的实现方法就是借助原生单复选框再配合其他伪类，HTML 代码结构如下：

```html
<-- 原生单选框，写在前面 -->
<input type="radio" id="radio">
<-- label 元素模拟单选框 -->
<label for="radio" class="cs-radio"></label>
<-- 单选文案 -->
<label for="radio">单选项</label>
```

下面是 CSS 代码部分：

```css
/*设置单选框透明度为 0 并覆盖其他元素*/
[type="radio"] {
    position: absolute;
    width: 20px; height: 20px;
    opacity: 0;
    cursor: pointer;
}
/* 自定义单选框样式 */
.cs-radio {}
/* 选中状态下的单选框样式 */
:checked + .cs-radio {}
/* 聚焦状态下的单选框样式 */
:focus + .cs-radio {}
/* 禁用状态下的单选框样式 */
:disabled + .cs-radio {}
```

自定义单选框很简单，使用 CSS `border-radius` 画个圆就可以了。图 11-23 展示的就是最终实现的单选框的不同状态效果。

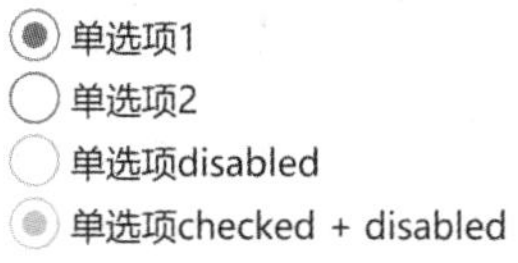

图 11-23　最终实现的单选框的不同状态效果

复选框的实现与单选框类似，其 HTML 代码结构如下：

```
<-- 复选框，写在前面 -->
<input type="checkbox" id="checkbox">
<-- label 元素模拟复选框 -->
<label for="checkbox" class="cs-radio"></label>
<-- 复选文案 -->
<label for="checkbox">复选项</label>
```

下面是 CSS 部分的代码：

```
/* 设置复选框透明度为 0 并覆盖其他元素 */
[type="checkbox"] {
    position: absolute;
    width: 20px; height: 20px;
    opacity: 0;
    cursor: pointer;
}
/* 自定义复选框样式 */
.cs-checkbox {}
/* 选中状态下的复选框样式 */
:checked + .cs-checkbox {}
/* 聚焦状态下的复选框样式 */
:focus + .cs-checkbox {}
/* 禁用状态下的复选框样式 */
:disabled + .cs-checkbox {}
```

其中，选中状态下打钩的图形可以使用相邻两侧边框外加 45°旋转实现，图 11-24 展示的就是最终实现的复选框的状态效果截图。

☐ 复选项
☐ 复选项disabled
☑ 复选项checked + disabled

图 11-24　最终实现的复选框的不同状态效果

读者可以手动输入 https://demo.cssworld.cn/selector2/11/2-3.php 或扫描下面的二维码体验与学习。

注意，我们无须兼容 IE 浏览器。在模拟单复选框效果的时候，是不需要后面的 `.cs-radio` 和 `.cs-checkbox` 元素的，分别直接使用`<input type="radio">`单选框和`<input type="checkbox">`复选框元素就可以了，因为现在所有现代浏览器都已经支持在单复选框元素中使

用::before/::after 伪元素模拟图形效果了，例如下面要展示的"开关效果"，使用的就是不兼容 IE 浏览器的实现版本。

（2）开关效果

图 11-25 是常见的开关效果，其本质上就是一个复选框，分为"打开"和"关闭"两个状态。

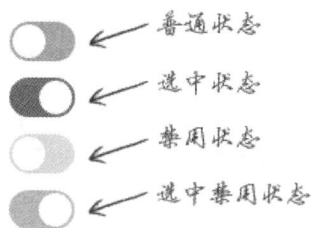

图 11-25　开关按钮的各个状态效果

开关效果的实现原理和自定义复选框类似，其 HTML 代码如下：

```
<-- 直接使用复选框模拟开关，不兼容 IE -->
<!-- 普通状态 -->
<input type="checkbox" is="cs-switch">
<!-- 选中状态 -->
<input type="checkbox" is="cs-switch" checked>
<!-- 禁用状态 -->
<input type="checkbox" is="cs-switch" disabled>
<!-- 选中禁用状态 -->
<input type="checkbox" is="cs-switch" checked disabled>
```

CSS 代码如下（只展示核心部分代码）：

```
[is="cs-switch"] {
  -webkit-appearance: none;
  display: inline-flex;
  outline: none;
  box-sizing: border-box;
  box-shadow: inset 0 1px, inset 1px 0, inset -1px 0, inset 0 -1px;
  background-clip: content-box;
  width: 4rem; height: 2rem;
  border: 2px solid;
  border-radius: 2rem;
  background-color: currentColor;
  color: #b6bbc6;
  font-size: 0;
}
[is="cs-switch"]:checked {
  color: deepskyblue;
  background-color: deepskyblue;
}
[is="cs-switch"]::before {
  content: "";
```

```
    flex: 0;
}
[is="cs-switch"]::after {
    content: "";
    width: calc(2rem - 4px);
    height: calc(2rem - 4px);
    border-radius: 100%;
    background-color: #fff;
    opacity: 1;
}
[is="cs-switch"]:active {
    box-shadow: inset 1px 1px 1px rgba(0, 0, 0, 0.1);
}
[is="cs-switch"]:checked::before {
    flex: 1;
}
[is="cs-switch"]:disabled {
    opacity: 0.4;
}
```

读者可以手动输入 https://demo.cssworld.cn/selector2/11/2-4.php 或扫描下面的二维码体验与学习。

从上面例子可以看出，在如今单复选框技术的应用中，越来越不需要<label>元素辅助，也不需要像过去那样通过设置单复选框的透明度为 0 并覆盖其他元素的方法来模拟点击事件，而是直接使用单复选框元素就可以了，文字、图形、布局等都不在话下，且无论是移动端还是桌面端，只要无须兼容 IE 浏览器，表现都非常稳定，是时候与时俱进了，例如下面要演示的几个例子。

（3）标签/列表/素材的选择

选择标签/列表/素材这类交互比较隐蔽，因为它们看起来和单复选框的差异很大，所以很多开发人员通常想不到使用单复选框匹配技术来实现。实际上，无论是单选还是多选，无论是选择标签还是选择图案，都可以借助 :checked 伪类的纯 CSS 实现。

例如，常见的标签选择功能——新用户第一次使用某产品的时候会让用户选择自己感兴趣的话题，这本质上就是一些复选框，于是我们可以使用复选框元素模拟这种交互效果。

本书第 1 版中是将<label>作为标签元素，再通过 for 属性和隐藏的复选框产生关联来实现我们想要的效果的，HTML 如下：

```
<input type="checkbox" id="topic1">
<label for="topic1" class="cs-topic">科技</label>
<input type="checkbox" id="topic2">
```

```html
<label for="topic2" class="cs-topic">体育</label>
...
```

CSS 实现原理如下:

```css
/* 默认 */
.cs-topic {
    border: 1px solid silver;
}
/* 选中标签元素后 */
:checked + .cs-topic {
    border-color: deepskyblue;
    background-color: azure;
}
```

如果项目无须兼容 IE 浏览器,其实 HTML 可以进一步简化,使用下面的代码同样可以实现类似图 11-26 所示的效果。

```html
<input type="checkbox" data-value="科技">
<input type="checkbox" data-value="体育">
...
```

CSS 实现原理如下:

```css
.cs-topic {
    width: 64px;
    margin: 5px 0 0;
    padding: 5px 0;
    border: 1px solid silver;
    text-align: center;
    -webkit-appearance: none;
    cursor: pointer;
}
.cs-topic::before {
    content: attr(aria-label);
}
/* 选中标签元素后 */
.cs-topic:checked {
    border-color: deepskyblue;
    background-color: azure;
}
```

图 11-26　标签元素默认状态和选中状态的实现效果

这种基于[type="checkbox"]元素的实现除了实现简单,还有一个好处,即在我们想知道哪些元素被选中的时候，无须一个个地遍历元素，直接利用`<form>`元素内置的或 JavaScript 框架内置的表单序列化方法进行提交就可以了。

不仅如此，配合 CSS 计数器，我们还可以无须使用 JavaScript 而直接显示选中的标签元素的个数，示意代码如下：

```
<p>您已选择<span class="cs-topic-counter"></span>个话题。</p>
body {
    counter-reset: topicCounter;
}
:checked + .cs-topic {
    counter-increment: topicCounter;
}
.cs-topic-counter::before {
    content: counter(topicCounter);
}
```

效果如图 11-27 所示。

图 11-27　CSS 计数器显示选中的标签元素个数

读者可以手动输入 https://demo.cssworld.cn/selector2/11/2-5.php 或扫描下面的二维码体验与学习。

接下来我们再看一个直接选择图像的例子，这类场景也很常见，如图像识别验证码的选择[①]或者图像素材的选择，它们的实现是类似的。

图 11-28 给出的是一个壁纸素材的选择效果，其本质上就是一个单选框选项，于是，我们可以借助`[type="radio"]`元素和`:checked`伪类实现，同样，在这个例子中，我们直接使用单选框元素进行模拟实现，不再借助`<label>`元素。

---

① 比较经典的图像识别验证码就是在一系列图片中选择包含公交车的图片。

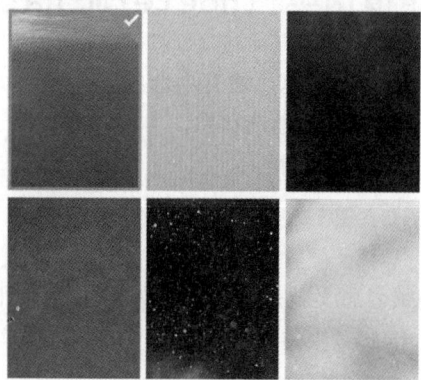

图 11-28　壁纸素材的选择效果

HTML 结构如下：

```
<input type="radio" class="cs-bg" name="bg" checked style="--bgimg: url('bg1.jpg')">
<input type="radio" class="cs-bg" name="bg" style="--bgimg: url('bg2.jpg')">
...
```

CSS 实现原理如下：

```
/* 默认 */
.cs-bg {
    width: 90px; height: 120px;
    background: var(--bgimg) no-repeat center / cover;
    position: relative;
}
/* 选中后显示边框 */
.cs-bg:checked::before {
    content: "";
    position: absolute;
    left: 0; right: 0; top: 0; bottom: 0;
    border: 2px solid deepskyblue;
}
```

读者可以手动输入 https://demo.cssworld.cn/selector2/11/2-5.php 或扫描下面的二维码体验与学习。

11.2.2　有用的不确定值伪类：indeterminate

复选框元素除了选中和没选中的状态，还有半选状态，半选状态多用在包含全选功能的列表中。没有原生的 HTML 属性可以设置半选状态，半选状态只能通过 JavaScript 进行设置，这一点和全选不一样（全选有 checked 属性）。

```
// 设置 checkbox 元素为半选状态
checkbox.indeterminate = true;
```

:indeterminate 伪类顾名思义就是"不确定伪类"，由于平常只在复选框中应用，因此很多人会误认为 :indeterminate 伪类只可以匹配复选框，但实际上它还可以匹配单选框和进度条元素 <progress>。

下面我们一起看一下 :indeterminate 伪类在这 3 类元素中的表现。

1. :indeterminate 伪类与复选框

不同浏览器下复选框的半选状态的样式是不一样的，Chrome 浏览器下是短横线，Firefox 浏览器下是蓝色渐变大方块，IE 浏览器下则是黑色小方块。由于使用 Chrome 浏览器的用户占比最大，因此如果大家想要借助原生复选框元素自定义复选框的半选状态，我个人推荐使用 Chrome 浏览器的短横线样式。

短横线的形状就是一个矩形小方块，它的实现很简单，CSS 示意代码如下：

```css
:indeterminate + .cs-checkbox::before {
  content: "";
  display: block;
  width: 8px;
  border-bottom: 2px solid;
  margin: 7px auto 0;
}
```

眼见为实，读者可以手动输入 https://demo.cssworld.cn/selector2/11/2-6.php 或扫描下面的二维码体验与学习。

最终模拟的复选框半选状态的对比效果如图 11-29 所示。

复选框元素的半选伪类 :indeterminate 从 IE9 浏览器就开始支持了，因此可以放心使用。

1. 原生复选框

⊟	第1列	第2列
☑	数据1-1	数据1-2
☐	数据2-1	数据2-2
☑	数据3-1	数据3-2

2. 自定义复选框

⊟	第1列	第2列
☑	数据1-1	数据1-2
☐	数据2-1	数据2-2
☑	数据3-1	数据3-2

图 11-29　Chrome 浏览器下复选框原生半选和自定义半选的效果对比

2. `:indeterminate` 伪类与单选框

对于单选框元素，当所有 `name` 属性值一样的单选框都没有被选中的时候 `:indeterminate` 伪类会匹配；如果单选框元素没有设置 `name` 属性值，则其自身没有被选中的时候 `:indeterminate` 伪类也会匹配。

例如：

```css
:indeterminate + label {
    background: skyblue;
}
```
```html
<input type="radio" name="radio"><label>文案 1</label>
<input type="radio" name="radio"><label>文案 2</label>
<input type="radio" name="radio"><label>文案 3</label>
<input type="radio" name="radio"><label>文案 4</label>
```

此时总共有 4 个 `name` 属性值为 "radio" 的单选框，默认其中没有一个被选中，此时 `:indeterminate` 伪类匹配这 4 个单选框，`<label>` 元素的背景色表现为天蓝色，如图 11-30 所示。

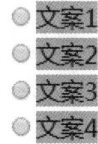

图 11-30　`:indeterminate` 伪类匹配全部单选框

接下来，只要其中任意一个单选框被选中，所有单选框都会失去 `:indeterminate` 伪类的匹配，文案的背景色消失，如图 11-31 所示。

○ 文案1
◉ 文案2
○ 文案3
○ 文案4

图 11-31　所有单选框失去 `:indeterminate` 伪类的匹配

这个伪类可以用来提示用户尚未选择任何单选项，如果用户选中了某个单选项，则提示自动消失，示意代码如下：

```css
:indeterminate ~ .cs-valid-tips::before {
    content: "您尚未选择任何选项";
    color: red;
    font-size: 87.5%;
}
```

为排除干扰，方便学习，这里只展现核心 HTML：

```html
<input type="radio" id="radio1" name="radio">
<label for="radio1">单选项 1</label>
<input type="radio" id="radio2" name="radio">
<label for="radio2">单选项 2</label>
<input type="radio" id="radio3" name="radio">
<label for="radio3">单选项 3</label>
<-- 这里显示提示信息 -->
<p class="cs-valid-tips"></p>
```

用户尚未选中任何选项时的样式如图 11-32 所示。选中选项后，红色的提示文案消失，如图 11-33 所示。

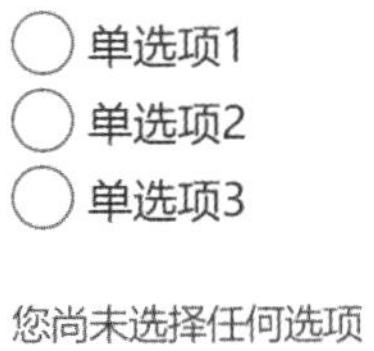

图 11-32　未选中任何选项时出现提示文案

图 11-33　选中选项后提示文案自动消失

读者可以手动输入 https://demo.cssworld.cn/selector2/11/2-7.php 或扫描下面的二维码体验与学习。

单选框元素的 :indeterminate 伪类匹配有一个缺陷，那就是不被 IE 浏览器（包括 Edge）支持，使用时需要注意兼容性问题。

3. :indeterminate 伪类与<progress>元素

对于<progress>元素，当没有设置值的时候，:indeterminate 伪类会匹配。例如：

```
progress:indeterminate {
  background-color: deepskyblue;
  box-shadow: 0 0 0 2px black;
}
```

结果，下面两段 HTML 的表现就出现了差异：

```
<progress min="1" max="100"></progress>
<progress min="1" max="100" value="50"></progress>
```

图 11-34 展示的是上述代码在 Firefox 浏览器下的表现。可以看到，对于没有设置 value 属性值的<progress>元素，:indeterminate 伪类匹配了，而对于设置了 value 属性值的<progress>元素，:indeterminate 伪类则没有匹配。

图 11-34　不确定状态与<progress>元素匹配示意

<progress>元素的:indeterminate 伪类匹配是从 IE10 浏览器开始支持的，在使用纯 CSS 自定义<progress>样式的时候，:indeterminate 伪类是必需的，可以用来改变<progress>元素的默认样式。

11.3　输入值验证

本节介绍的众多伪类是与表单元素的验证相关的，熟练掌握它们可以简化我们的开发，因为输入值的合法性验证判断直接交给了浏览器。

输入值验证这类伪类是随着 HTML5 表单新特性一起产生的。HTML5 表单新特性有很多，包括新增的 required 和 pattern 等验证相关属性，以及 min 和 max 等范围相关属性。

HTML5 表单新特性从 IE10 浏览器就开始支持，因为已经不需要担心兼容性问题了，所以无论是桌面端项目，还是移动端项目，都可以放心使用。

11.3.1　掌握有效性验证伪类:valid 和:invalid

先看一段 HTML 代码：

```
验证码：<input required pattern="\w{4,6}">
```

这是一个验证码输入框，这个输入框必填，同时要求验证码为 4~6 个常规字符。现在有如下 CSS 代码：

```
input:valid {
   background-color: green;
   color: #fff;
}
input:invalid {
   border: 2px solid red;
}
```

则默认状态下，由于输入框中没有值，与 `required` 属性必填验证不符，将触发 `:invalid` 伪类匹配，输入框表现为 2 px 大小的红色边框，如图 11-35 所示。

图 11-35　:invalid 伪类匹配下的红色边框

如果我们在输入框中输入任意 4 个数字，匹配 `pattern` 属性值中的正则表达式，则会触发 `:valid` 伪类匹配，输入框的背景色表现为绿色，如图 11-36 所示。

图 11-36　:valid 伪类匹配下的绿色背景

以上就是 `:valid` 伪类和 `:invalid` 伪类的作用，乍一看它们好像挺实用的，但实际上这两个特性并没有想象中那么好用，因为 `:valid` 伪类的匹配在页面加载时就会被触发，这对用户而言其实是不友好的。举个例子，用户刚进入一个登录界面，还没进行任何操作，就出现大大的红色警告，显示输入不合法，这样会吓着用户的。

鉴于以上原因，现在新出现了一个 `:user-invalid` 伪类，它需要用户的交互才触发匹配，不过目前 `:user-invalid` 伪类仅被 Firefox88+浏览器支持，在 Chrome 浏览器和 Safari 浏览器中无法使用，但没关系，我们可以辅助 JavaScript 优化 `:invalid` 伪类的验证体验。

请看下面这个可以实际开发应用的示例，其 HTML 代码如下：

```
<form id="csForm" novalidate>
   <p>
      验证码：<input class="cs-input" placeholder=" " required pattern="\w{4,6}">
      <span class="cs-valid-tips"></span>
   </p>
   <input type="submit" value="提交">
</form>
```

上述示例的实现逻辑为：默认不开启验证，当用户产生提交表单的行为后，通过给表单元素添加特定类名，触发浏览器内置验证开启，同时借助 `:placeholder-shown` 伪类细化提示文案。

JavaScript 示意代码如下：

```
csForm.addEventListener('submit', function (event) {
   this.classList.add('valid');
   event.preventDefault();
});
```

CSS 代码如下：

```css
.cs-input {
    border: 1px solid gray;
}
/* 验证不合法时边框为红色 */
.valid .cs-input:invalid {
    border-color: red;
}
/* 验证全部通过标记 */
.valid .cs-input:valid + .cs-valid-tips::before {
    content: "√";
    color: green;
}
/* 验证不合法提示 */
.valid .cs-input:invalid + .cs-valid-tips::before {
    content: "不符合要求";
    color: red;
}
/* 空值提示 */
.valid .cs-input:placeholder-shown + .cs-valid-tips::before {
    content: "尚未输入值";
}
```

于是可以看到图 11-37 所示的一系列状态变化。

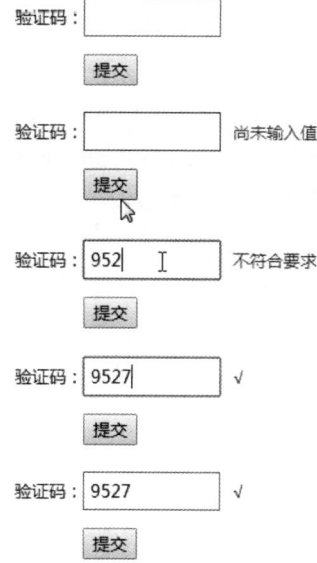

图 11-37 :invalid 伪类验证各种状态效果示意

这个验证过程和状态变化都没有 JavaScript 的参与，JavaScript 的唯一作用就是赋予一个开始验证的标志量类名。

读者可以手动输入 https://demo.cssworld.cn/selector2/11/3-1.php 或扫描下面的二维码体验与学习。

有人可能会产生疑问：如何才能知道所有表单元素都验证通过呢？可以使用<form>元素原生的 `checkValidity()` 方法，返回整个表单是否验证通过的布尔值。

```
csForm.addEventListener('submit', function (event) {
    this.classList.add('valid');
    // 判断表单是否全部验证通过
    if (this.checkValidity && this.checkValidity() == true) {
        console.log('表单验证通过');
        // 这里可以运行表单 ajax 提交了
    }
    event.preventDefault();
});
```

另外，如果希望表单元素的验证效果是即时的，而非在表单提交后再验证，那么可以给<form>元素绑定'input'输入事件，并给对应的 `target` 对象设置启动 CSS 验证标志量。例如：

```
csForm.addEventListener('input', function (event) {
    event.target.classList.add('valid');
});
```

IE 浏览器有一个严重的渲染 bug，对于输入框元素，`:invalid` 等伪类只会即时匹配输入框元素本身，而不会重绘输入框后面的兄弟元素样式，于是我们会发现，明明输入的值已经合法了，输入框的红色边框也消失了，但是输入框后面的错误提示文字一直显示，如图 11-38 所示。

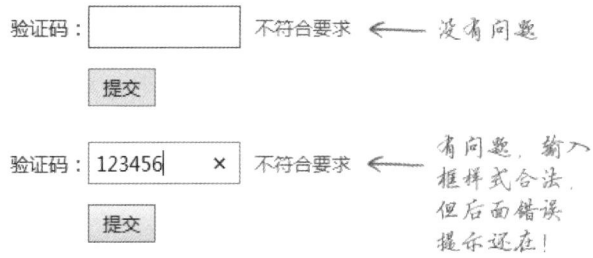

图 11-38　IE 渲染 bug 示意

IE 浏览器下这类重绘 bug 屡见不鲜，但修复方法很简单，触发重绘即可。可以改变父元素的样式，或者设置无关紧要的类名。下面是我写的补丁，将它放在页面的任意位置即可：

```
// IE 触发重绘的补丁
if (typeof document.msHidden != 'undefined' || !history.pushState) {
    document.addEventListener('input', function (event) {
        if (event.target && /^input|textarea$/i.test(event.target.tagName)) {
            event.target.parentElement.className = event.target.parentElement.className;
        }
    });
}
```

图 11-39 展示的就是放置了修复补丁后的渲染效果，可以看到输入框的值合法时，输入框后面的提示信息同步变化了。

图 11-39　修复 IE 渲染 bug 后的效果示意

最后一个小知识点是，:invalid 伪类还可以直接匹配<form>元素。例如：

```
form:invalid {
    outline: 1px solid red;
}
```

但是 IE 浏览器并不支持:invalid 伪类匹配<form>元素。
另外，:valid 伪类和:invalid 伪类还可以用来区分 IE10 及以上版本的浏览器：

```
.cs-cl { /* IE9 及 IE9- */ }
.cs-cl, div:valid { /* IE10 及 IE10+ */}
```

11.3.2　熟悉范围验证伪类:in-range 和:out-of-range

:in-range 伪类和:out-of-range 伪类与 min 属性和 max 属性密切相关，因此这两个伪类常用来匹配 number 类型的输入框或 range 类型的输入框。例如：

```
<input type="number" min="1" max="100">
<input type="range" min="1" max="100">
```

即输入框的最小值是 1，最大值是 100。此时，如果输入框的值不在这个范围内，则:out-of-range 伪类匹配；如果输入框的值在这个范围内，则:in-range 伪类匹配，测试 CSS 代码如下：

```
input:in-range { outline: 2px dashed green; }
input:out-of-range { outline: 2px solid red; }
```

此时输入框为绿色虚线轮廓，如图 11-40 所示。

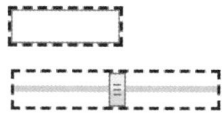

图 11-40　虚线轮廓示意

如果我们使用 JavaScript 改变输入框的值为 200（超过 max 属性值），或者直接设置 value 属性值为 200，如下：

```
<input type="number" min="1" max="100" value="200">
<input type="range" min="1" max="100" value="200">
```

则最终的输入框表现为：:out-of-range 伪类匹配 number 类型的输入框，表现为红色实线轮廓，而 range 类型的输入框依然是绿色虚线轮廓，如图 11-41 所示。

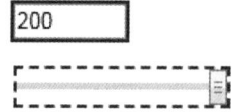

图 11-41　实线轮廓和虚线轮廓示意

这是因为浏览器对 range 类型的输入框自动做了区域范围限制（因为涉及滑杆的定位），无论是 Chrome 浏览器还是 Firefox 浏览器，都是这种表现。例如：

```
range.value = 200;
// 输出结果是'100'
console.log(range.value);
```

因此，实际开发的时候，并不存在需要使用范围验证伪类匹配 range 类型输入框的场景，因为范围验证伪类一定会匹配。有必要使用范围验证伪类匹配的场景包括数值输入框和时间相关输入框，如下：

```
<!-- 数值类型 -->
<input type="number">
<!-- 时间类型 -->
<input type="date">
<input type="datetime-local">
<input type="month">
<input type="week">
<input type="time">
```

如果这类输入框没有 min 属性和 max 属性的限制，则:in-range 伪类和 out-of-range 伪类都不会匹配。但 Chrome 浏览器下有一个特殊情况，那就是如果 value 属性值的类型和指定的 type 属性值的类型不匹配，:in-range 伪类会匹配这个输入框。例如：

```
<input type="number" value="a">
```

匹配证据如图 11-42 所示。

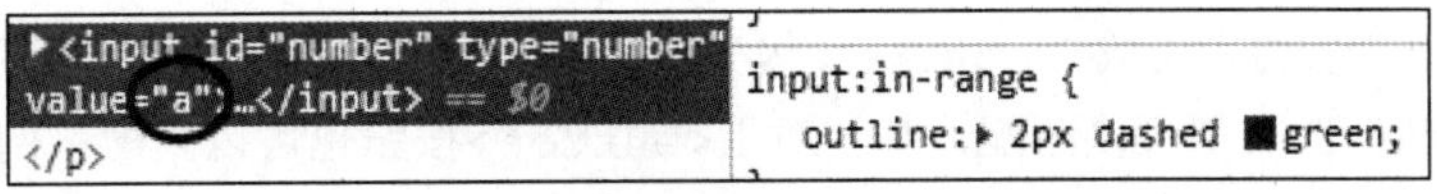

图 11-42 :in-range 伪类匹配不合法属性值证据

不过在实际开发中很少使用 :in-range 伪类，而较多使用 :out-of-range 伪类，同时大家也不会故意设置不合法的数值，因此对于这种细节了解即可。

此外，:out-of-range 伪类还可以配合 :invalid 伪类验证细化输入框信息出错时的提示信息。例如：

```
.valid .cs-input:out-of-range + .cs-valid-tips::before {
    content: "超出范围限制";
    color: red;
}
```

注意，IE 浏览器不支持 :in-range 伪类和 :out-of-range 伪类。

11.3.3 熟悉可选性伪类 :required 和 :optional

:required 伪类用来匹配设置了 required 属性的表单元素，表示这个表单元素必填或者必写。例如：

```
<input required>
<select required>
    <option value="">请选择</option>
    <option value="1">选项 1</option>
    <option value="2">选项 2</option>
</select>
<input type="radio" required>
<input type="checkbox" required>
```

对于以上 4 个表单元素，:required 伪类均可以匹配。例如：

```
:required {
    box-shadow: 0 0 0 2px green;
}
```

结果都呈现为绿色的线框，如图 11-43 所示。

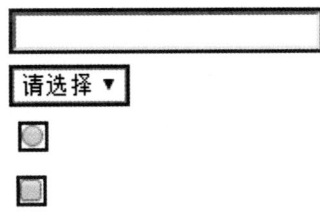

图 11-43 :required 伪类匹配示意

:optional 伪类可以看成:required 伪类的对立面，即只要表单元素没有设置 required 属性，:optional 伪类都可以匹配，甚至对于<button>按钮也可以匹配。例如：

```
:optional {
    box-shadow: 0 0 0 2px red;
}
<button>按钮</button>
<input type="submit" value="按钮">
```

这两种写法的按钮元素都呈现为红色的线框，如图 11-44 所示。

图 11-44 :optional 伪类匹配示意

值得一提的是单选框元素的:required 伪类匹配。虽然单选框元素的:required 伪类匹配和:invalid 伪类匹配的机制有巨大差异，但很多人会误认为它们是一样的。

对于:invalid 伪类，只要其中一个单选框元素设置了 required 属性，:invalid 伪类就会匹配整个单选框组中的所有单选框元素，导致同时验证通过或验证不通过；但是，如果是:required 伪类，则只会匹配设置了 required 属性的单选框元素。例如：

```
[type="radio"]:required {
    box-shadow: 0 0 0 2px deepskyblue;
}
[type="radio"]:invalid {
    outline: 2px dashed red;
    outline-offset: 4px;
}
<input type="radio" name="required" required>
<input type="radio" name="required">
<input type="radio" name="required">
<input type="radio" name="required">
```

结果第一个设置了 required 属性的单选框元素有两层轮廓，其他只有:invalid 伪类匹配的单选框元素只有一层轮廓，如图 11-45 所示。

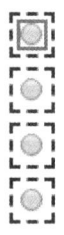

图 11-45 :required 伪类和:invalid 伪类匹配单选框组的差异

实际应用

长久以来，输入框是必选还是可选，除了禁用状态，在样式上没有区别。我们通常的做法都是使用额外的字符进行标记。例如使用红色星号标记该输入框是必选的，或者直接使用中文"可选"来标记这个输入框是可以不填的，因此，实际开发中，`:required`伪类和`:optional`伪类都是通过兄弟选择符控制兄弟元素的样式来标记表单元素的可选性的。

例如，图 11-46 所示的就是一个调查问卷布局的最终实现效果，可以看到每个问题的标题的最后都标记了"必选"或者"可选"，这些标记的文案是 CSS 根据 HTML 表单元素设置的属性自动生成的。

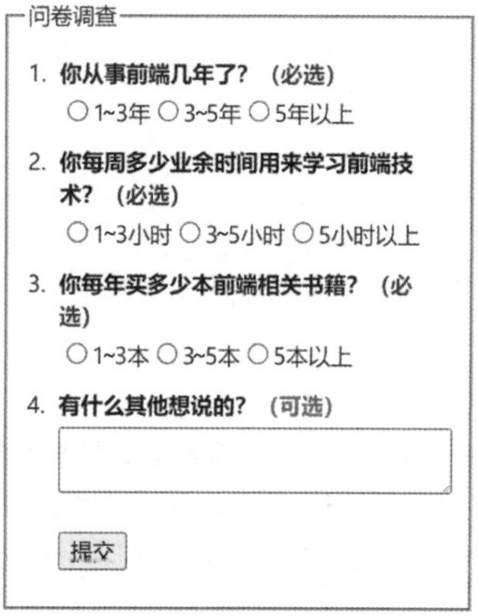

图 11-46　纯 CSS 标记"必选"或者"可选"示例

相关实现颇有技术含量，大家需要耐心查看代码，可以学到很多其他 CSS 技术。

首先是 HTML 代码部分，和传统实现不同，我们需要把标题元素放在表单元素的后面，这样才能使用兄弟选择符进行控制，具体如下：

```html
<form>
  <fieldset>
    <legend>问卷调查</legend>
    <ol class="cs-ques-ul">
      <li class="cs-ques-li">
        <input type="radio" name="ques1" required>1-3 年
        <input type="radio" name="ques1">3-5 年
        <input type="radio" name="ques1">5 年以上
        <!-- 标题放在后面 -->
        <h4 class="cs-caption">你从事前端几年了？</h4>
      </li>
      ...
```

```
        <li class="cs-ques-li">
            <textarea></textarea>
            <!-- 标题放在后面 -->
            <h4 class="cs-caption">有什么其他想说的？</h4>
        </li>
    </ol>
    <p><input type="submit" value="提交"></p>
</fieldset>
</form>
```

接下来，高能的 CSS 来了，考验布局能力的时候到了，如何让后面的 .cs-caption 元素在上方显示呢？由于这里标签受限，因此使用 Flex 布局有些困难。实际上有一个 IE8 浏览器也支持的 CSS 声明可以改变 DOM 元素呈现的上下位置，这个 CSS 声明就是 display:table-caption，CSS 代码如下：

```
.cs-ques-li {
    display: table;
    width: 100%;
}
.cs-caption {
    display: table-caption;
    /* 标题显示在上方 */
    caption-side: top;
}
```

由于 `<li>` 元素设置了 display:table，重置了浏览器内置的 display:list-item，因此，列表前面的数字序号无法显示，但没关系，我们可以借助 CSS 计数器重现序号匹配，这也是从 IE8 浏览器就开始支持的，代码如下：

```
.cs-ques-ul {
    counter-reset: quesIndex;
}
.cs-ques-li::before {
    counter-increment: quesIndex;
    content: counter(quesIndex) ".";
    /* 序号定位 */
    position: absolute; top: -.75em;
    margin: 0 0 0 -20px;
}
```

最后就很简单了，基于 :optional 伪类和 :required 伪类在 .cs-caption 元素最后标记可选性。CSS 代码如下：

```
:optional ~ .cs-caption::after {
    content: "（可选）";
    color: gray;
}
:required ~ .cs-caption::after {
```

```css
    content: "（必选）";
    color: red;
}
```

可见，借助以上 3 个 CSS 高级技巧实现了我们的可选性自动标记效果，以后要想修改可选性，只需要修改表单元素的 required 属性，文案信息会自动同步，维护更简单。

完整的 CSS 代码如下：

```css
/* 标题在上方显示 */
.cs-ques-li {
    display: table;
    width: 100%;
}
.cs-caption {
    display: table-caption;
    caption-side: top;
}
/* 自定义列表序号 */
.cs-ques-ul {
    counter-reset: quesIndex;
}
.cs-ques-li {
    position: relative;
}
.cs-ques-li::before {
    counter-increment: quesIndex;
    content: counter(quesIndex) ".";
    position: absolute; top: -.75em;
    margin: 0 0 0 -20px;
}
/* 显示对应的可选性文案与颜色 */
:optional ~ .cs-caption::after {
    content: "（可选）";
    color: gray;
}
:required ~ .cs-caption::after {
    content: "（必选）";
    color: red;
}
```

读者可以手动输入 https://demo.cssworld.cn/selector2/11/3-2.php 或扫描下面的二维码体验与学习。

11.3.4 了解用户交互伪类 :user-valid 和 :user-invalid

:user-valid 和 :user-invalid 伪类也是用来进行表单元素的合法性验证的，和 :valid/:invalid 伪类的区别在于，这两个伪类需要在用户与它们进行显著交互之后才进行匹配。

例如有如下表单元素和验证 CSS 代码：

```
<form id="csForm" novalidate>
    <p>
        验证码: <input class="cs-input" required pattern="\w{4,6}">
    </p>
    <input type="submit" value="提交">
</form>

.cs-input {
    width: 240px; height: 16px;
    padding: 10px;
    border-image: 0 fill / 9px 0 9px 272px / 0 30px 0 0;
}
.cs-input:user-valid {
    border-image-source: url(valid.svg);
}
.cs-input:user-invalid {
    border-image-source: url(invalid.svg);
}
```

代码所实现的功能是：在用户提交表单之后，如果输入框合法，输入框的后面会显示验证通过的 SVG 图标（使用 border-image 属性生成，不占据任何空间）；如果输入框不合法，输入框的后面会显示验证未通过的 SVG 图标。

实际上最终的渲染效果也是如此，大家手头如果有 Firefox 浏览器，可以手动输入 https://demo.cssworld.cn/selector2/11/3-3.php 或扫描下面的二维码体验与学习。

当第一次进入页面时，如果在输入框中输入不合法的内容，输入框后面是不会有任何提示的，如图 11-47 所示。

但是当输入框失去焦点时，后面的提示图标就出现了，如图 11-48 所示。

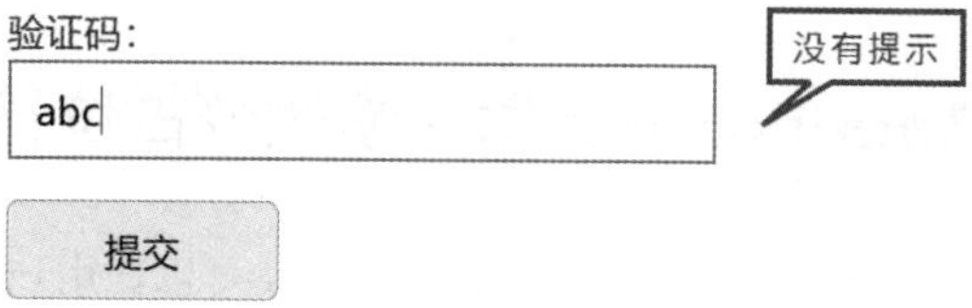

图 11-47　默认输入框没有提示

图 11-48　失焦后输入框显示错误提示图标

这种出错反馈交互非常符合真实开发中的纠错提示场景，相比 :valid/:invalid 伪类，交互体验更好，无须任何额外的 JavaScript 处理就可以直接应用在生产环境中了。只可惜，目前仅 Firefox 浏览器支持此伪类，要想在生产环境中使用此伪类，还需静待时日，大家可以先把这个伪类记在心上。

11.3.5　简单了解空值伪类 :blank

:blank 伪类目前还没有被任何浏览器支持，因此，寥寥数语简单介绍一下。

首先，:blank 伪类的规范还没有完全定稿，纵观整个历史，:blank 伪类的规范变化了多次，一开始可以匹配空标签元素（可以有空格），现在变成匹配没有输入值的表单元素。例如：

```
<textarea></textarea>

textarea:blank {
    border: solid red;
}
```

此时，<textarea> 元素里没有任何值，理论上 :blank 伪类会匹配，表现为 3 px 的红色边框。

要说这个伪类的作用，我思来想去，应该就是验证输入框出错的时候，可以知道是没有输入值导致的错误，从而细化我们的出错提示。这算是表单验证能力的一点补充吧。

11.4　表单元素专用伪元素

除了上述 CSS 伪类，还有两个 CSS 伪元素是专为表单元素设计的。

11.4.1 使用::placeholder伪元素改变占位符的样式

文本输入框支持名为placeholder的HTML属性,可以在用户未输入内容的时候显示对应的属性值信息,例如:

```
<textarea placeholder="不超过140字"></textarea>
```

此时输入框内会显示灰色的提示信息,如图11-49所示。

图11-49 默认的占位符提示效果

不过浏览器默认的占位符颜色比较深（考虑到无障碍访问）,通常不符合产品的设计风格,需要自定义颜色,于是就有了::placeholder伪元素。

不过::placeholder伪元素一开始并不叫作::placeholder,而是::-webkit-input-placeholder和::-ms-input-placeholder,它被浏览器支持的历史可以追溯到2010年。::placeholder伪元素在2017年才开始正式被各大现代浏览器支持,目前已经可以在各个项目中使用了。示意代码:

```
::placeholder {
    color: darkgray;
}
:focus::placeholder {
    opacity: .4;
}
```

占位符的灰色变淡,同时增加交互变化,当输入框聚焦的时候,占位符的透明度变成40%,实现的效果如图11-50所示。

图11-50 占位符样式改变后的效果

读者可以手动输入https://demo.cssworld.cn/selector2/11/4-1.php 或扫描下面的二维码体验与学习。

11.4.2 使用::file-selector-button 伪元素匹配文件选择输入框的按钮

长久以来，file 类型的<input>文件选择框有个遭诟病的问题，那就是浏览器默认的样式不美观，且无法自定义。传统的做法是隐藏文件选择输入框，然后使用<label>元素模拟上传按钮，HTML 结构示意如下：

```
<input type="file" id="file" hidden>
<label for="file" class="cs-button">上传文件</label>
```

此时，点击<label>元素就会自动触发文件选择输入框的点击选择行为，从而引出系统的文件选择框进行文件选择。

然而这个方法有些啰唆，代码并不是很简洁，在几乎所有表单元素都能自定义的年代，文件选择输入框依然不能自定义样式就显得有些格格不入。于是就有了::file-selector-button 伪元素，专门匹配文件选择输入框样式中的按钮，如图 11-51 所示。

图 11-51　文件选择输入框默认的按钮效果

下面这个例子中，我们对文件选择输入框的按钮进行了样式自定义：

```
[type="file"] {
    color: gray;
}
::file-selector-button {
    height: 3rem;
    line-height: var(--ui-button-line-height);
    font-size: 1rem;
    color: #fff;
    border-radius: .25rem;
    border: 1px solid #2a80eb;
    padding: .75rem 1rem;
    background-color: #2a80eb;
    box-sizing: border-box;
}
```

此时，文件选择输入框的按钮就会变成图 11-52 所示的常见的主题色按钮：

图 11-52　文件选择输入框的按钮自定义后的效果

读者可以手动输入 https://demo.cssworld.cn/selector2/11/4-2.php 或扫描下面的二维码体验与学习。

另外，如果大家希望隐藏按钮后面的文字"未选择任何文件"，可以对当前<input>元素设置 font-size:0。

第 12 章

Web Components 开发中的选择器

Web Components 组件开发技术目前在现代浏览器中已经相当成熟，和 Vue、React 等框架或者小程序中的组件类似，也是由模板、样式和脚本组合驱动。区别在于，Web Components 组件是浏览器原生支持的，符合 Web 标准，跨平台，跨框架，潜力巨大。

在第 11 章出现过的诸多表单元素，无论是输入框、按钮还是单复选框，本质上就是 Web Components 组件。面向开发人员的是独立的 HTML 标签元素，而内部实际上由 Shadow DOM 创建，例如结构最简单的表单提交按钮，如图 12-1 所示。

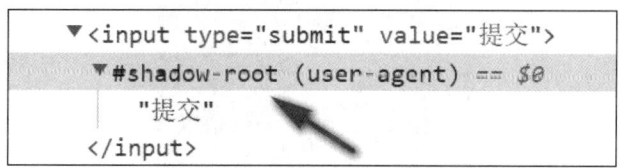

图 12-1　提交按钮内的 Shadow DOM 根元素示意

有了 Web Components，我们就可以根据自己的实际需求创建自定义元素，将参数变成 HTML 元素的属性或者占位符元素，将组件的结构和样式在内部通过 Shadow DOM 创建。而为了便于维护与管理，内部的模板结构可以使用原生的`<template>`元素和`<slot>`元素实现。

上述每一个环节都有对应的伪类或伪元素，以便我们进行维护与开发。

本章不会展开介绍 Web Components 的技术细节，而是介绍与 Web Components 开发相关的伪类和伪元素在其中所扮演的角色与起到的作用。

12.1　使用 :defined 伪类判断组件是否初始化

:defined 伪类在 Web Components 开发中比较有用，尤其是在 HTML 直出的 Web 页面中。

要介绍适合使用:defined 伪类的场景，就必须先讲解 Web 页面的渲染机制。

所有的 Web 页面，要么是服务端直出（查看页面源代码会显示几乎所有的 HTML 结构）的，要么是 JavaScript 输出（例如 Vue、React 框架编译的页面）的。

对于使用 JavaScript 构建的页面，:defined 伪类的作用有限，因为渲染的时候是先有 JavaScript，再有 HTML 元素，在 HTML 元素进入页面的那一刻，就注定了:defined 伪类已经匹配自定义组件元素。

但若是服务端直出的页面，则情况可能会有所不同。这类页面，常常是 CSS 代码在顶部，JavaScript 代码在底部，而页面渲染是从上往下的。这就导致当用户看到页面中的某个 Web Components 元素的时候，JavaScript 代码尚未运行，因而此时的 Web Components 元素还是普通元素，等 JavaScript 代码加载完毕并运行后这个普通元素才会变成组件元素。而这个变化过程中可能会伴随着明显的样式变化，在用户眼中，可能就是不太友好的用户体验，于是就需要在元素还是普通元素的时候进行优化处理，此时就需要用到:defined 伪类。

举个例子，目标是自定义一个名为<square-img>的元素，可以让图片以正方形显示，同时如果有 alt 属性值，则直接在图片上显示：

```
<square-img src="./1.jpg" size="200" alt="提示信息"></square-img>
```

最终的实现效果如图 12-2 所示。

图 12-2　<square-img>希望实现的效果

现在需求产生了，为了避免长时间的白屏和尺寸突然跳动，希望在组件初始化之前表现为 150 px×150 px 的基础尺寸，同时显示淡灰色的表示占位的背景色，该如何实现呢？

这就是使用:defined 伪类的典型场景，可以在组件所处的上下文中编写如下 CSS 代码：

```
square-img:not(:defined) {
    display: inline-block;
    width: 150px; height: 150px;
    background-color: #f0f0f0;
}
```

此时，在<square-img>组件未被 customElements.define()方法定义的时候，就会表现为 150 px×150 px 的基础尺寸，同时背景色是淡灰色。

读者可以手动输入 https://demo.cssworld.cn/selector2/12/1-1.php 或扫描下面的二维码感受对应的样式表现。

12.1.1 普通元素的 `:defined` 适配规则

`:defined` 伪类并不是自定义元素专享的,对于普通的 HTML 元素,`:defined` 伪类也可以匹配,区别在于,自定义元素需要开发人员自行定义,而标准的 HTML 元素在浏览器内部早早地定义好了。因此,对于这些标准的 HTML 元素,即使作为虚拟 DOM 存在,`:defined` 伪类也可以匹配。例如有如下 CSS 代码和 JavaScript 代码:

```
div:defined {
    width: 150px; height: 150px;
    border: solid;
    background-color: #eee;
}

// JavaScript 代码
const div = document.createElement('div');
// 输出的是 true
console.log(div.matches(':defined'));
// 插入页面
document.body.append(div);
// 输出的是 true
console.log(div.matches(':defined'));
```

可以看到,div 对象无论是在内存中还是加载到页面中,`:defined` 伪类都可以匹配,同时选择器 div:defined 匹配了 div 元素,表现为 150 px×150 px 的尺寸,还有边框和背景色,效果如图 12-3 所示。

图 12-3 `:defined` 伪类匹配 div 元素效果示意

但是有一个例外情况,那就是如果 div 元素设置了 is 属性,则 :defined 伪类的匹配不再由浏览器控制,而是由开发人员自行决定。例如页面中有如下 CSS 代码和 HTML 代码:

```
div:defined {
    width: 150px; height: 150px;
    border: solid;
    background-color: #eee;
}

<div id="square-img">可以匹配</div>
<div is="square-img">无法匹配</div>
```

此时,:defined 伪类是无法匹配设置了 is="square-img" 的 div 元素的,两个 div 元素的渲染效果如图 12-4 所示。

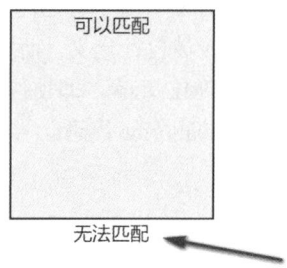

图 12-4 :defined 伪类无法匹配设置了 is 属性的 div 元素示意

可以看到后一个 div 元素既没有背景色也没有边框,显然 :defined 伪类没有匹配。读者可以手动输入 https://demo.cssworld.cn/selector2/12/1-2.php 或扫描下面的二维码查看效果。

那么问题来了,为何标准 HTML 元素设置了 is 属性后,:defined 伪类就不再匹配呢?这是因为 is 属性是一个和 Web Components 密切相关的属性。可以将标准 HTML 元素扩展为内置自定义元素,需要开发人员重新定义并注册才能匹配,例如:

```
class SquareImg extends HTMLDivElement {}
customElements.define('square-img', SquareImg, {
    extends: 'div'
});
```

此时,:defined 伪类就可以匹配 <div is="square-img"> 了。

内置自定义元素不仅可以继承 HTML 元素原本的特性,还能在此基础上进一步扩展和增强,是非常实用的前端技术。可惜 Safari 浏览器(目前版本是 Safari16)依然没有支持内置自定义元素。不过只要引入相应的 polyfill 代码，Safari 浏览器就能无缝对接内置自定义元素的语法和效果，除了例外情况，那就是 `:defined` 伪类。

12.1.2 Safari 不支持内置自定义元素的处理

在 Safari 浏览器下，`:defined` 伪类无法匹配设置了 `is` 属性的标准 HTML 元素，我们无法根据这个伪类判断内置自定义元素是否完成了定义，怎么办呢？

其实并没有什么特别好的办法，我个人是这么处理的：在 `connectedCallback` 这个生命周期回调方法中给元素添加一个名为 `defined` 的属性，然后改用属性选择器 `[defined]` 进行匹配。示意代码如下：

```
class SquareImg extends HTMLDivElement {
connectedCallback: function () {
  this.setAttribute('defined', '')
}
}
customElements.define('square-img', SquareImg, {
    extends: 'div'
});

div[defined] {}
```

12.2　使用 `:host` 伪类匹配 Shadow 树根元素

Shadow DOM 是 Web 组件开发中非常重要的概念，可以理解为在现有的元素内部创建一个独立的文档树，有自己的根节点，有独立的 CSS 上下文，不会影响全局 CSS。

对于 12.1 节 `<square-img>` 元素的例子，我们可以在 `<square-img>` 元素中创建一个 Shadow DOM，然后把要显示的图片和信息元素放入其中。Shadow DOM 结构如下所示：

```
square-img
   img
   span
```

此时，我们就可以在 Shadow DOM 中插入对应的 CSS 来控制创建的 `<img>` 和 `<span>` 元素的样式了，例如：

```
span:not(:empty) {
    position: absolute;
    background-color: rgba(0,0,0,.5);
    left: 0; right: 0; bottom: 0;
}
img {
    display: block;
```

```
    object-fit: cover;
}
```

由于 Shadow DOM 有自己独立的 CSS 上下文，因此，直接使用 img 和 span 标签作为选择器也不会影响页面中的其他元素。

可是问题来了，如果希望匹配<square-img>元素该怎么办呢？总不可能在 Shadow DOM 中使用 square-img 这个标签选择器吧！这样根本没用，因为 Shadow DOM 根本就没有<square-img>元素，准确地说<square-img>是 Shadow DOM 的上级元素。

此时，可以使用:host 伪类。:host 伪类专门匹配 Shadow DOM 结构的根元素，在本例中，指的就是<square-img>元素。例如，下面的代码直接作用在<square-img>元素上：

```
:host {
    display: inline-block;
    font-size: 12px;
    color: #fff;
    text-align: center;
    line-height: 24px;
    position: relative;
}
```

结合上面的<img>和<span>元素的 CSS 代码，就可以看到图 12-5 所示的效果。

图 12-5 :host 伪类控制 Shadow DOM 根元素样式

读者可以手动输入 https://demo.cssworld.cn/selector2/12/2-1.php 或扫描下面的二维码体验与学习。

支持 Web Components 开发的浏览器均支持:host 伪类，大家可以放心使用。

12.3　使用伪类:host()匹配 Shadow 树根元素

:host()伪类也是用来匹配 Shadow DOM 根元素的，它和:host 伪类的区别在于，:host()伪类可以根据根元素的 ID、类名或者属性进行差异性的匹配。

例如，要使前文自定义的<square-img>元素支持圆角状态，也就是这个元素可以在 A 页面是直角，在 B 页面是圆角，我们就可以使用一个自定义属性 radius 外加:host()伪类非常方便地进行针对性开发。例如：

```
<square-img src="./1.jpg" size="200" alt="直角头像"></square-img>
<square-img src="./1.jpg" size="200" alt="圆角头像" radius></square-img>
```

如果没有:host()伪类，我们只能借助 JavaScript 判断是否设置了 radius 属性，然后根据判断结果设置不同的 CSS 样式，很麻烦。但是有了:host()伪类，我们就可以直接使用 CSS 样式进行区分，代码很简单也很干净，如下：

```
:host {
  display: inline-block;
  position: relative;
}
:host([radius]) {
  border-radius: 50%;
  overflow: hidden;
}
...
```

此时的渲染效果如图 12-6 所示。

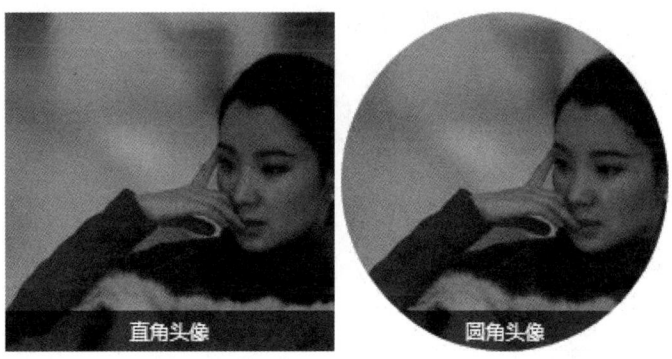

图 12-6　:host()伪类可以方便地控制组件显示为直角还是圆角

读者可以手动输入 https://demo.cssworld.cn/selector2/12/3-1.php 或扫描下面的二维码体验与学习。

:host()伪类的兼容性和:host 伪类的是一样的，凡是支持 Shadow DOM（V1）的浏览器均支持:host()伪类，包括 Chrome 浏览器、Firefox 63 及以上版本的浏览器、Safari 浏览器等。

另外，:host()伪类只能在 Shadow DOM 内部使用，在外部使用是没有效果的。

12.4　Shadow 树根元素上下文匹配伪类:host-context()

:host-context()伪类也是用来匹配 Shadow DOM 根元素的，与:host()伪类的区别在于，:host-context()伪类可以借助 Shadow DOM 根元素的上下文元素（也就是父元素）来匹配。

仍以 12.3 节中正方形图像的圆角控制为例，我们可以借助<square-img>元素所在的父元素来控制，HTML 代码如下：

```
<p>
    <square-img src="./1.jpg" alt="直角头像"></square-img>
</p>
<p class="cs-radius">
    <square-img src="./1.jpg" alt="圆角头像"></square-img>
</p>
```

下面<square-img>元素的圆角效果是通过父元素.cs-radius 控制的，相关 CSS 代码如下：

```
:host {
    display: inline-block;
    font-size: 12px;
    color: #fff;
    text-align: center;
    line-height: 24px;
    position: relative;
}
:host-context(.cs-radius) {
    border-radius: 50%;
    overflow: hidden;
}
...
```

此时的渲染效果如图 12-7 所示。

图 12-7 　`:host-context()` 伪类通过父元素控制组件显示为圆角

读者可以手动输入 https://demo.cssworld.cn/selector2/12/4-1.php 或扫描下面的二维码体验与学习。

`:host-context()` 伪类目前仅由 Chrome 浏览器和 Android 设备支持，因此建议在实验性项目中使用。

同样，`:host-context()` 伪类只能在 Shadow DOM 内部使用，在外部使用是没有效果的。

12.5　使用`::part`伪元素穿透 Shadow DOM 元素

图 12-8 展示的是 Chrome 浏览器中 `input="range"` 输入框元素的 Shadow DOM 结构。

```
▼<input type="range">
   ▼#shadow-root (user-agent)
      ▼<div> flex
         ▼<div pseudo="-webkit-slider-runnable-track" id="track">
            == $0
            <div id="thumb"></div>
         </div>
      </div>
</input>
```

图 12-8　范围选择框的 Shadow DOM 结构

其中有一个非标准的 HTML 属性 pseudo，点击这个元素，可以看到有一段浏览器内置的 CSS 规则，如图 12-9 所示。

```
input[type="range" i]::-webkit-slider-runnable-track
{
  min-inline-size: 0px;
  align-self: center;
  box-sizing: border-box;
  display: block;
  -webkit-user-modify: read-only !important;
  flex: ▶ 1 1 0%;
}
```

图 12-9　范围选择框的自定义伪元素示意

其中的伪元素 ::-webkit-slider-runable-track 正好就是 pseudo 属性的属性值，而开发人员可以利用这个伪元素对浏览器内置的组件样式进行重置，如图 12-10 所示。

```
[is="ui-range"]::-webkit-slider-runnable-track {
  display: flex;
  align-items: flex-start;
  position: relative;
  height: var(--ui-range-track-hegiht);
  background: ▶ linear-gradient(to right, var(--ui-range-color, var(--ui-
    blue, #2a80eb)) calc(100% * var(--percent,100)),
    ■ var(--ui-gray, #a2a9b6) 0% );
}
```

图 12-10　范围选择框的样式重置示意

为什么要这样设计呢？原因很简单，那就是默认情况下，Shadow DOM 外部的 CSS 代码是无法改变 Shadow DOM 内部元素的样式的。浏览器只能通过暴露某些私有属性或者私有伪元素的方法，让开发人员有机会在外部重置 Shadow DOM 元素的样式。

下面问题来了。浏览器默认的组件可以通过私有的伪元素暴露，那么 Web Components 自定义元素组件有没有办法暴露 Shadow DOM 中的元素，以便让开发人员可以从外部对组件进行样式设置呢？

有的，且方法还不止一个。其中一个方法就是使用 CSS 变量，具体细节与实现参见《CSS 新世界》的 8.1.3 节。另一个方法则是使用 ::part 伪元素，这个伪元素就是专门用来穿透 Shadow DOM 进行样式设置的。语法如下：

::part(xxx) {}

其中的参数 xxx 指的就是 Shadow DOM 元素的 part 属性值。

一例胜千言，还是以 <square-img> 这个例子示意，比方说我们希望可以在外部重置该组件内部图像和描述的样式，则可以给图像和描述对应的元素设置 part 属性，下面是具体的代码：

```
// 给图像元素设置 part 属性
var img = document.createElement('img');
```

```
img.setAttribute('part', 'img');
// 给描述元素设置 part 属性
var span = document.createElement('span');
span.setAttribute('part', 'span');
```

此时的 Shadow DOM 结构如图 12-11 所示。

图 12-11　part 属性值设置示意

接下来，我们就可以使用::part 伪元素穿透 Shadow DOM 元素的上下文，对内部的元素进行样式设置了。例如：

```
square-img::part(img) {
    border-radius: 40% 40% 0 0;
}
square-img::part(span) {
    background-color: #cd0000;
}
```

给图像设置上圆角，给标题设置红色背景，此时就会有图 12-12 所示的效果，可以看到无论是图像的圆角还是标题的背景色都表现为预期的样式。

图 12-12　:part 伪元素穿透 shadow DOM 元素的效果示意

要查看完整的示例可以手动输入 https://demo.cssworld.cn/selector2/12/5-1.php 或扫描下面的二维码体验与学习。

::part 伪元素对<slot>元素也是有效的

::part 伪元素不仅对常规的 HTML 元素有效，对 Web Components 中独有的<slot>元素也是有效的。<slot>元素可以看成一个占位符元素（国内多称之为"插槽元素"），可以把组件外部完成的 DOM 元素"替换"到 Shadow DOM 内部。

我们不妨继续使用<square-img>这个例子，这次我们在描述文字的前面插入一个<slot>元素，以便我们插入类似图标这样的前置元素。此时的 Shadow DOM 结构如下：

```
<img src="1.jpg" width="200" height="200">
<span>
    <slot name="prefix" part="prefix"></slot>注意图标尺寸和位置
</span>
```

而在页面中组件对应的 HTML 结构为：

```
<square-img src="1.jpg" alt="注意图标尺寸和位置">
    <i class="icon-info" slot="prefix"></i>
</square-img>
```

此时，.icon-info 这个元素就会作为 Shadow DOM 中<slot>元素的子元素显示。因此，若想设置.icon-info 的样式，既可以直接针对选择器.icon-info 进行设置，也可以借助::part 伪元素设置<slot>元素的样式，从而间接影响.icon-info 元素的效果。这尤其适用于一些继承样式，例如颜色、字号、行高等。

假设.icon-info 元素显示的是图标，则下面的 CSS 代码就可以控制图标的颜色和文字的右间距：

```
/* 直接对图标样式进行设置 */
.icon-info {
    display: inline-block;
    width: 1em; height: 1em;
    --mask: url(data:image/svg+xml;base64,...) no-repeat center / 100%;
    -webkit-mask: var(--mask);
    mask: var(--mask);
    background-color: currentColor;
    vertical-align: middle;
}
/* 通过<slot>元素微调图标样式 */
square-img::part(prefix) {
    display: inline-block;
    margin-right: .25rem;
    font-size: 14px;
}
```

最终实现的效果如图 12-13 所示。

图 12-13 ::part 伪元素作用于`<slot>`元素示意

读者也可以手动输入 https://demo.cssworld.cn/selector2/12/5-2.php 或扫描下面的二维码体验与学习。

第 13 章

音视频开发中的选择器

第 12 章介绍的是 Web Components 组件开发,本章则介绍与音视频开发相关的 CSS 选择器。音视频开发本身就是前端领域的一个小众领域,因此,本章涉及的 CSS 选择器对大多数前端开发人员而言是没有机会使用的,大家了解即可。

13.1 音视频元素各种状态的匹配

本节介绍的几个伪类专门针对音视频开发,目前已经被 Safari 浏览器支持,按照历史经验,Chrome 浏览器和 Firefox 浏览器应该在不久的将来也会支持,大家可以提前关注。

13.1.1 使用:playing 伪类、:paused 伪类和:seeking 伪类匹配播放状态

:playing 伪类可以匹配正在播放的音视频元素,如果音视频因为缓冲的原因而暂停,:playing 伪类也是可以匹配的。

:paused 伪类可以匹配处于停止状态的音视频元素,包括处于明确的停止状态或者资源已加载但尚未激活的元素。

:seeking 伪类可以匹配音视频的跳播状态,即拖动进度条或者直接跳进度的场景。

虽然浏览器原生的音视频元素也能使用,但是播放器皮肤可能并不是设计者想要的,往往需要进行自定义,业界有很多类似的成熟项目。不过这些项目的资源状态匹配都是使用 JavaScript 实现的,内在逻辑比较复杂。现在有了播放状态匹配伪类,我们在自定义播放器的皮肤按钮的时候,开发成本会小很多,因为播放以及暂停的状态已经全部交给浏览器原生解决,我们要做的只是通过 CSS 匹配对应的按钮显示即可。假设有如下 HTML 结构:

```
<video id="video" src="sing-song.mp4"></video>
<button class="play" onclick="video.play();">播放</button>
<button class="pause" onclick="video.pause();">暂停</button>
```

现在，如果我们想根据视频的播放状态控制两个按钮的样式，就可以借助 :playing 伪类和 :paused 伪类，例如简单的显隐控制：

```
:playing ~ .play,
:paused ~ .pause {
    display: none;
}
```

此时，当播放视频的时候，播放按钮隐藏，暂停按钮显示；当暂停视频的时候，暂停按钮隐藏，播放按钮显示。目前 Safari 浏览器（版本 15.4+）已经支持这两个伪类，所以，如果读者有 Safari 浏览器，可以访问 https://demo.cssworld.cn/selector2/13/1-1.php 或者扫描下面的二维码体验对应的效果。

例如在我自己的 Safari 浏览器下，默认的效果如图 13-1 所示，视频处于暂停状态，下方只显示播放按钮。

图 13-1　默认显示播放按钮示意

但是当点击了播放按钮或者右键点击视频播放后，播放按钮就会隐藏，转而显示暂停按钮，如图 13-2 所示。

图 13-2　播放后显示的是暂停按钮

:playing 伪类和 :paused 伪类对于 <audio> 音频元素同样适用，这里就不赘述了。

13.1.2　加载状态伪类 :buffering 和 :stalled

:buffering 伪类表示资源正在加载，也就是我们常说的"缓冲"，因此这个伪类在音视频内容播放或者暂停的时候均有可能匹配。

:stalled 伪类表示资源加载停滞，因为在请求音视频数据的过程中，有可能接收不到数据。

这两个伪类的兼容性和播放状态伪类一致，使用场景也一致，不再展开。

13.1.3　声音控制伪类 :muted 和 :volume-locked

:muted 伪类在静音的时候匹配。

:volume-locked 伪类是音量锁定伪类，在使用代码改变音视频音量但实际没有有效改变音量的时候匹配。

这两个伪类的兼容性和播放状态伪类一致，使用场景也一致，同样不再展开。

13.2　视频字幕样式的控制

HTML 中有一个名为 <track> 的元素，可以用来显示视频的外挂字幕，通常用在 <video> 标签中，例如：

```
<video id="video">
    <source src="example.mp4" type="video/mp4">
```

```
        <track src="example.vtt" default>
</video>
```

此字幕称为"WebVTT 字幕",字幕文件的后缀名是 vvt,其中的字幕格式是有具体规范的,主要由时间范围和字幕内容组成,例如下面的简单示意:

```
WEBVTT

00:00:00.001 --> 00:00:01.000
请把你的锅

00:00:01.001 --> 00:00:03.500
带回你的虾

...
```

如果我们希望控制这个字幕文字在视频上显示的样式,就可以使用:past、:current、:future 伪类,或者::cue 等伪元素。

13.2.1 使用::cue 伪元素控制字幕的样式

比方说下面的 CSS 代码:

```
::cue {
    background: none;
    color: #fff;
    text-shadow: 0 1px #000, 1px 0 #000, -1px 0 #000, 0 -1px #000;
    font-size: medium;
}
```

可以实现图 13-3 所示的白字黑边字幕效果。

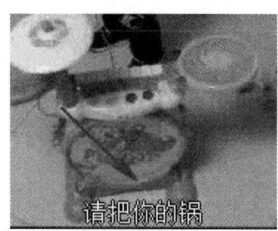

图 13-3　字幕样式效果示意

和其他一些控制文本样式的伪元素(如::first-letter、::first-line)一样,::cue 伪元素只能支持部分 CSS 属性生效:

- color;
- opacity;
- visibility;

- `text-decoration` 及相关属性；
- `text-shadow`；
- `background` 及相关属性；
- `outline` 及相关属性；
- `font` 及相关属性，包括 `line-height`；
- `white-space`；
- `text-combine-upright`；
- `ruby-position`。

足够我们实现各类字幕样式效果了。

然而，::cue 伪元素有一个不足，那就是无法针对性地设置具体某一个字幕的样式，而只能全局批量设置，那么有什么方法可以对某一句话进行样式设置吗？

方法是有的，使用::cue()函数，该函数的参数就是一些元素选择器。

元素选择器？字幕里面可以有元素？

真的可以！WebVTT 字幕不仅可以是纯文本内容，还支持对一些 HTML 标签进行样式控制，常见的有声音<v>标签、颜色<c>标签、加粗<b>标签、倾斜<i>标签、下划线<u>标签，还有<ruby>标签和<lang>标签等。

图 13-4 所示的就是部分字幕文字使用<i>标签后的倾斜效果。

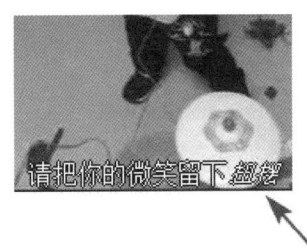

图 13-4　部分字幕文字倾斜效果示意

在实际开发中，更常用的其实是声音<v>标签，我们可以通过设置自定义的属性来区分是谁说的话，例如下面的字幕文件内容示意：

```
00:00:07.501 --> 00:00:10.000
<v hanmeimei>韩梅梅说

00:00:07.501 --> 00:00:10.000
<v lilei>李雷说
```

再配合如下 CSS 代码进行红、绿颜色区分，用户在看字幕的时候就会更轻松，因为可以直接根据颜色判断说话的人是谁：

```
::cue(v[voice=hanmeimei]) {
   color: red;
}
```

```
::cue(v[voice=lilei]) {
    color: green;
}
```

图 13-5 左右两张图分别展示了红色字幕和绿色字幕呈现的效果。

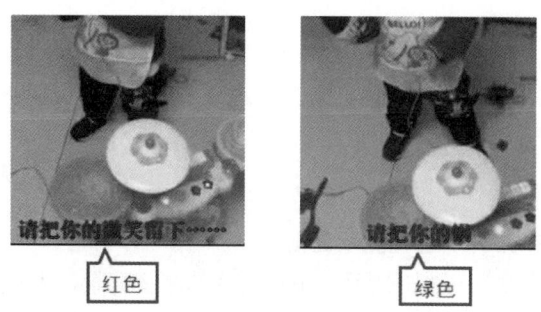

图 13-5　不同说话人以不同颜色字幕区分示意

另外，我们还可以直接用标签控制样式（注意，仅支持上面提到的几个标签），例如：

```
video::cue(i) {
    color: blue;
}
```

或者用类名：

```
00:00:10.001 --> 00:00:12.000
<c.red>带回你的虾
video::cue(.red) {
    color: red;
}
```

等其他一些规则，不过非本书重点，就不一一展开了。

眼见为实，读者可以访问 https://demo.cssworld.cn/selector2/13/2-1.php 或者扫描下面的二维码体验不同的字幕样式效果。

另外，控制字幕样式的 CSS 代码也是可以直接设置在 WebVTT 文件中的，这里有一段内容示意：

```
WEBVTT

STYLE
::cue {
    background-image: linear-gradient(to bottom, dimgray, lightgray);
```

```
    color: papayawhip;
}
/* CSS 代码块中不能有空行或者 "-->" 这个符号 */
```

注意：块状注释可以出现在两个 CSS 代码块之间。

```
STYLE
::cue(b) {
  color: peachpuff;
}

00:00:00.000 --> 00:00:10.000
- Hello <b>world</b>.
```

注意：代码块必须在第一个字幕提示之前。

此时的字幕样式效果如图 13-6 所示，呈现灰色的渐变背景，木瓜色的"Hello"和桃色的"world"。

图 13-6　内置在 WebVTT 文件中的样式效果

13.2.2　了解:current、:past 和:future 这些时间维度的伪类

:current、:past、:future 这些伪类根据某些时间线中当前显示或活动位置对元素进行匹配，例如在文档的语音渲染期间，或在使用 WebVTT 渲染字幕的视频显示期间。

如果 CSS 没有定义这个时间线，则必须由其他语言进行定义。此外，如果没有为元素定义时间线，则这些伪类必须不与元素匹配。

注意，对于:current 伪类匹配的元素的祖先元素，:current 伪类一定匹配，但是对于:past 伪类和:future 伪类匹配的元素的祖先元素，:past 伪类和:future 伪类不一定匹配。

根据 CSS 规范中的说法，对于时间线中给定的元素，:current 伪类、:past 伪类和:future 伪类中至少有一个匹配。

这 3 个时间维度伪类的浏览器兼容情况非常糟糕，可以近似认为所有浏览器都不支持。为何这里要加"近似"二字呢？Caniuse 网站显示，从 Safari7 开始支持:past 伪类和:future 伪类，但实际上根据我的测试，并无支持效果，也没有找到任何成功的演示示例，所以我倾向于认为 Safari 浏览器其实并不支持这两个伪类。我使用 CSS.supports('selector(:future(p))') 进行测试，返回值也是 false。

所以这部分内容的介绍我暂时一笔带过，等日后浏览器完全支持时再对这部分内容进行修订。

`:current` 伪类匹配当前显示的元素或其祖先元素。这个伪类有一个 `:current()` 伪类变体语法，和 `:is()` 伪类一样，可以使用其他选择器作为参数进行匹配，例如下面这段 CSS 代码：

```
:current(p, li, dt, dd) {
  background: yellow;
}
```

表示当屏幕阅读器或其他语音阅读设备读到 p、li、dt、dd 元素的时候，元素高亮显示。

`:past` 和 `:future` 这两个伪类的语法和作用类似，分别表示匹配 `:current` 伪类匹配时间前后的元素，WebVTT 规范中对这两个伪类有明确的定义。要知道，字幕文件是有明确的前后时间线的，例如下面这段字幕文件内容：

```
WEBVTT

00:00:00.001 --> 00:00:01.000
请把你的锅

00:00:02.001 --> 00:00:03.500
带回你的虾
```

当视频播放到第 1.5 秒的时候，在时间线上，对于前面的字幕元素，`:past` 伪类匹配，对于后面的字幕元素，`:future` 伪类匹配，此时我们就可以使用这两个伪类进行匹配并进行样式设置，例如：

```
:past(p),
:future(p) {
  opacity: .5;
}
```

理论上可以实现类似图 13-7 所示的滚动字幕效果。

图 13-7　前后字幕半透明的滚动字幕效果示意

第 14 章

语言和文字相关的选择器

本章讲解大多数前端开发人员可能并不知道的与文本处理相关的 CSS 伪类和伪元素。对于大家已经比较熟悉的 CSS 伪元素，如设置首字母样式的 ::first-letter 伪元素、设置首行内容的 ::first-line 伪元素、设置文字选中样式的 ::selection 伪元素等，本章不做介绍。

14.1 了解语言相关的伪类

本节介绍的几个伪类并不常用，一方面，其本身的设计初衷是更好地处理多语言；另一方面，当前浏览器的支持有限，尚未大规模使用，所以了解一下即可。

14.1.1 方向伪类：dir()

在实际开发时，我们有时候希望布局的元素是从右往左排列的。例如，实现微信或者 QQ 这样的左右对话效果，右侧的对话布局就可以直接添加 HTML dir 属性控制实现，如图 14-1 所示。

图 14-1　dir 属性与左右对称布局示意

用传统的实现方法，我们会使用属性选择器进行匹配。例如：

```
[dir="rtl"] .cs-avatar {}
```

但是，`[dir="rtl"]`选择器有一个比较明显的缺点，它无法直接匹配没有设置`dir`属性的元素，也无法知道没有设置`dir`属性元素的准确的方向，因为`dir`带来的文档流方向变化是具有继承性的。例如，在`<body>`元素上设置`[dir="rtl"]`，只靠属性选择器是无法知道某个具体的图片的方向是"ltr"还是"rtl"的。

`:dir()`伪类就是为弥补这个缺点而设计的，无论元素有没有设置`dir`属性，或有没有直接使用CSS的`direction`属性改变文档流方向，`:dir()`伪类都可以准确匹配。例如：

```
.cs-content:dir(rtl) {
    /* 处于从右往左的文档流中，内容背景色高亮显示为深天蓝色 */
    background-color: deepskyblue;
}
```

`:dir()`伪类的语法如下：

```
:dir( ltr | rtl )
```

其中，ltr是left-to-right的缩写，表示图文从左往右排列；rtl是right-to-left的缩写，表示图文从右往左排列。

该伪类还是有一定的使用价值的，虽然截至撰写本节时，只有Firefox浏览器正式支持它，但是Chrome91+、Safari17都已经开启实验支持，相信无须几年就可以在正式项目中使用了。

14.1.2 语言伪类：`lang()`

`:lang()`伪类用来匹配指定语言环境下的元素。

一个标准的XHTML文档结构会在`<html>`元素上通过HTML `lang`属性标记语言类型，对于简体中文站点，建议使用`zh-cmn-Hans`：

```
<!DOCTYPE html>
<html lang="zh-cmn-Hans">
<head>
<meta charset="UTF-8">
<body>
</body>
</html>
```

对于英文站点或者海外服务器，常使用en：

```
<!DOCTYPE html>
<html lang="en">
<head>
<meta charset="UTF-8">
<body>
```

```
</body>
</html>
```

此时,页面上的任意标准 HTML 元素都可以使用:lang()伪类进行匹配。其中,括号内的参数是语言代码,如 en、fr、zh 等。例如:

```
.cs-content:lang(en) {
    /* 匹配英文 */
}
.cs-content:lang(zh) {
    /* 匹配中文 */
}
```

:lang()伪类的典型示例是 CSS quotes 属性的引号匹配。例如:

```
:lang(en) > q { quotes: '\201C' '\201D' '\2018' '\2019'; }
:lang(fr) > q { quotes: '«' '»'; }
:lang(de) > q { quotes: '»' '«' '\2039' '\203A'; }
<p lang="en"><q>英语,外面有引号,<q>引号内嵌套的引号</q>。</q></p>
<p lang="fr"><q>法语,外面有引号,<q>引号内嵌套的引号</q>。</q></p>
<p lang="de"><q>德语,外面有引号,<q>引号内嵌套的引号</q>。</q></p>
```

效果如图 14-2 所示。

"英语,外面有引号,'引号内嵌套的引号'。"

« 法语,外面有引号,« 引号内嵌套的引号 »。»

»德语,外面有引号,‹引号内嵌套的引号›。«

图 14-2　不同语言下的引号设置

但是,如果着眼于实际开发,我们是不会遇到上面这个使用引号的场景的,更常见的反而是使用:lang()伪类来实现资源控制。例如,如果使用国内的 IP 访问,则页面输出的时候可以在<html>元素上设置 lang="zh-cmn-Hans";如果使用国外的 IP 访问,则可以设置 lang="en"。

此时,我们就可以根据:lang()伪类的不同使用不同的资源或者呈现不一样的布局了。例如,国内的主要社交平台是微信、微博,国外的主要社交平台是脸书、推特。此时,我们可以借助:lang()伪类呈现不同的分享内容:

```
.cs-share-zh:not(:lang(zh)),
.cs-share-en:not(:lang(en)) {
    display: none;
}
```

从上面这个示例可以看出,:lang()伪类相对于[lang]属性选择器有以下两个优点。

(1)即使当前元素没有设置 HTML lang 属性,也能够准确匹配。

(2)伪类参数中使用的语言代码无须和 HTML lang 属性值一样,例如,lang="zh"、lang="zh-CN"、lang="zh-SG"、lang="zh-cmn-Hans"都可以使用:lang(zh)这个选择器进行匹配。

（3）兼容性非常好，:lang()伪类已支持的时间长，IE8 浏览器就已经开始支持，如果遇到合适的使用场景，可以放心使用。

14.2 全新的文字相关的伪元素

本小节介绍若干个与文字内容处理相关的伪元素，这些伪元素都有一个共同点，就是匹配的都是字符。因此，这些伪元素所支持的 CSS 属性也都是与文字相关的，例如颜色、大小、粗细、下划线等样式，而布局相关的 CSS 属性都是不支持的。

14.2.1 ::mark 伪元素简介

::marker 是 CSS 中新出现的一种伪元素，用来匹配列表项中的"标记盒子"（盒模型中的一种，《CSS 世界》中有介绍），并可以设置标记盒子里的内容以及与字符显示相关的 UI。可以匹配任意设置了 display:list-item 的元素或伪元素，例如对于大家比较熟悉的<li>元素就可以直接使用::marker 伪元素改变项目符号颜色、字号字体、甚至内容。

例如：

```
<ol>
    <li>有序列表</li>
    <li>看看序号的粗细</li>
    <li>看看序号的颜色？</li>
</ol>
::maker {
    color: deepskyblue;
    font-weight: bold;
}
```

结果如图 14-3 所示：

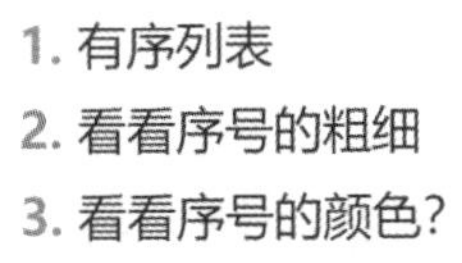

1. 有序列表
2. 看看序号的粗细
3. 看看序号的颜色?

图 14-3 有序列表序号自定义后的样式

如果是普通的 HTML 标签元素，例如<div>元素想要使用::marker 伪元素，可以设置 display 为 list-item，示意代码如下：

```
<div class="marker">
summary 元素有自己的 marker 伪元素
</div>
```

可以使用如下 CSS 代码让 div 元素有自己的标记：

```
div.marker {
  display: list-item;
  margin-left: 1em;
  padding-left: 5px;
}
div.marker::marker {
  content: '▶';
}
```

此时，浏览器的渲染效果如图 14-4 所示。

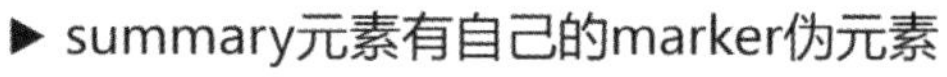

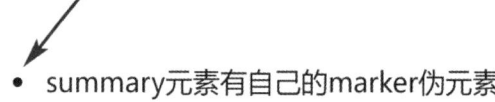

图 14-4　普通 div 元素定义项目符号

其中：

- `content:'□'` 不是必需的，默认会创建符号 '·' 作为项目符号，如图 14-5 所示。

图 14-5　默认的项目符号样式

- `margin-left:1em` 也不是必需的，可以设置 `list-style-position:inside` 让项目符号字符的位置在标签内。
- 标记字符可以是任意字符，字符数量不限，例如：

```
div.marker::marker {
  content: '→→→→→';
}
```

此时，浏览器的渲染效果如图 14-6 所示。

→→→→→ summary元素有自己的marker伪元素

图 14-6　自定义任意字符和字符数的项目符号内容

注意，Safari 浏览器目前（Safari16 版本）还不支持 content 自定义标记符号，仅支持 `list-style-type` 属性设置标记符号，如 `decimal`、`circle`、`lower-alpha` 等。

由于 `::marker` 伪元素仅支持部分与字符设置相关的属性，因此，就功能上讲，要比 `::before` 和 `::after` 伪元素弱很多。换而言之，`::before` 和 `::after` 伪元素可以完全模拟 `::marker` 伪元素的作用效果（配合 content 属性），反之 `::marker` 伪元素则不可以。

不过无论从代码实现还是学习成本而言，::marker 伪元素实现项目符号，尤其是有序项目符号，要比::before 和::after 伪元素在成本上小得多，因此，对于那些纯字符的并且有规律的标记符号，::marker 伪元素还是有一定优势的，这也是适合其使用的技术场景。

关于一开始出现的两个::marker 伪元素按钮，大家可以手动输入 https://demo.cssworld.cn/selector2/14/2-1.php 或扫描下面的二维码体验与学习。

14.2.2　使用::target-text 伪元素高亮锚定的文字

我们平常讨论的锚点定位都是基于元素的，URL 中通过#someId 锚定的方式让页面进入的时候，自动定位到对应的元素上，例如查看评论的时候，会自动滚动到评论区。

可能有些人并不知道，Chrome 89 浏览器还支持基于文字内容的锚点定位。

随便打开具有文本内容的页面，框选，然后点击右键，就可以看到图 14-7 所示的菜单提示。

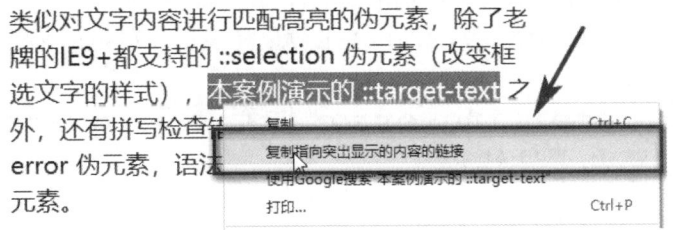

图 14-7　文字锚定地址复制菜单示意

此时，将复制好的 URL 地址在浏览器中打开，::target-text 伪元素就会匹配被框选的这段文字，开发人员就可以借助此伪类将对应的文字高亮显示。

例如设置如下 CSS 代码：

```
::target-text {
  background-color: deepskyblue;
  color: deeppink;
}
```

可以看到图 14-8 所示的文字高亮显示效果。

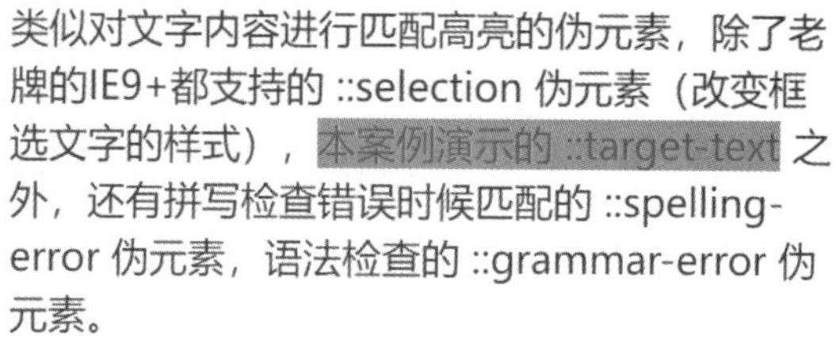

类似对文字内容进行匹配高亮的伪元素，除了老牌的IE9+都支持的 ::selection 伪元素（改变框选文字的样式），本案例演示的 ::target-text 之外，还有拼写检查错误时候匹配的 ::spelling-error 伪元素，语法检查的 ::grammar-error 伪元素。

图 14-8　文字锚定地址复制菜单示意

读者可以手动输入 https://demo.cssworld.cn/selector2/14/2-2.php 或扫描下面的二维码体验与学习。

一些注意事项：

- 如果是通过点击链接触发文字高亮，则<a>元素需要设置 rel="noopener"，这是出于安全的考虑。
- 锚定高亮后，此时再刷新页面，高亮会消失，这个和传统的哈希定位是有所不同的，因为需要新开一个窗口，重新访问才能再次看到高亮效果。
- URL 文本片段支持多个片段，此时可以根据位置不同，对不同的高亮文字进行样式设置。

14.2.3　使用::spelling-error 伪元素和::grammar-error 伪元素高亮拼写和语法错误

::spelling-error 伪元素和::grammar-error 伪元素都是针对英文场景的，中文的错别字和语法检查比较复杂，浏览器并未提供这样的功能，因此，对于本节的内容大家简单了解即可。

::spelling-error 伪元素可以匹配拼写错误的文字内容，开发人员就可以对这些文字进行高亮处理，其实浏览器默认就有拼写检查的功能，并提供了默认的样式效果。例如，我们开启浏览器的拼写检查选项，在输入框输入如"helli world"的文字，此时单词"helli"的下面就会有红色的波浪线提示拼写错误，如图 14-9 所示。

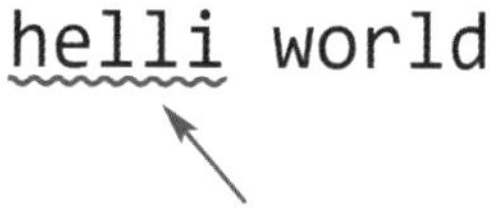

图 14-9　浏览器默认的拼写纠错样式示意

有了`::spelling-error`伪元素，我们就可以对浏览器默认的样式进行自定义，例如将波浪线改成着重号（使用`text-emphasis`属性），或者设置高亮背景色等。

`::grammar-error`伪元素的作用和`::spelling-error`伪元素类似，只不过`::grammar-error`检查的是语法，`::spelling-error`检查的是拼写。

目前，还没有任何浏览器支持这两个伪元素，因此，不再进一步展开介绍。

第 15 章
元素特殊显示状态匹配伪类

在 Web 开发中，元素存在一些特殊的显示状态，例如全屏显示状态、`<dialog>`或者`<popup>`元素的模态显示状态，或者视频元素的画中画显示。

对于这些特殊的显示状态，浏览器也专门提供了相应的伪类进行匹配。

15.1 了解模态层匹配伪类:`modal`

在 Web 领域，modal 常被称为模态，表示当前唯一可交互的元素，例如原生的`<dialog>`弹框或者全屏状态元素就符合模态的概念。而:modal 伪类就可以匹配这个唯一可交互的元素。

假设页面中有如下弹框和按钮元素：

```
<dialog id="dialog">我是弹框内容，看看边框和背景色吧~</dialog>
<button id="button" onclick="dialog.showModal();">点击我显示弹框</button>
```

则下面的 CSS 就可以让弹框元素的边框和背景色大变样：

```
:modal {
  border: 5px solid darkblue;
  background-color: skyblue;
  box-shadow: 4px 4px 8px #0008;
}
```

如果我们点击按钮，则页面会出现类似图 15-1 的效果。

图 15-1　:modal 伪类设置下的弹框样式

读者可输入 https://demo.cssworld.cn/selector2/15/1-1.php 或扫描下面的二维码查看实际的效果：

需要注意的是，并不是只要弹框出现，:modal 伪类就会匹配，而是只有运行 showModal() 方法而出现的弹框才会匹配。例如，我们运行 dialog.show() 显示的弹框元素，就不会匹配 :modal 伪类，此时的弹框依然是白底黑框的默认样式，效果如图 15-2 所示。

图 15-2 show() 方法显示的弹框无法匹配 :modal 伪类

从上面的例子就可以看出 :modal 伪类的作用，它可以用来区分弹框是以模态层显示（层级最高）的还是以普通的浮层显示的。

目前所有现代浏览器都已经支持 :modal 伪类，并且是在同一时期开始支持，浏览器正式支持的最低版本是 Chrome 105+、Firefox 103+、Safari 15.6+。

15.2　了解全屏相关的伪类：`fullscreen`

`:fullscreen` 伪类用来匹配全屏元素。

桌面浏览器以及部分移动端浏览器是支持原生全屏效果的，通过 `dom.requestFullScreen()` 方法可让元素全屏显示，通过 `document.cancelFullScreen()` 方法可取消全屏显示。

`:fullscreen` 伪类用来匹配处于全屏状态的 DOM 元素，`::backdrop` 伪元素用来匹配浏览器默认的黑色全屏背景元素。

举个简单的例子，如果希望一个普通的 `<img>` 元素全屏时绝对定位居中显示，就可以使用 `:fullscreen` 伪类进行设置：

```
<div id="img" class="cs-img-x">
    <img class="cs-img" src="/images/common/l/1.jpg">
</div>
img.addEventListener("click", function() {
  if (document.fullscreen) {
    document.cancelFullScreen();
  } else {
```

```
            this.requestFullScreen();
        }
    });
```

当点击<img>元素进入全屏状态后，图片的父元素#img 的尺寸会被拉伸到全屏状态，<img>元素会出现在左上角，此时就可以使用:fullscreen 伪类进行匹配与定位，CSS 代码如下：

```
:fullscreen .cs-img {
    position: absolute;
    left: 50%; top: 50%;
    transform: translate(-50%, -50%);
}
```

效果如图 15-3 所示。

图 15-3　Firefox 浏览器下全屏状态图片居中效果

读者可输入 https://demo.cssworld.cn/selector2/15/2-1.php 或者扫描下面的二维码体验图像元素在全屏后的变化。

全屏匹配伪类很早就被各大浏览器支持了，只不过一开始它的名称并不是:fullscreen，而是:full-screen，且需要添加私有前缀，即:-webkit-full-screen 和:-moz-full-screen。但是现在，Edge 12 及以上版本、Firefox 64 及以上版本和 Chrome 浏览器都已经支持不带有私有前缀且更标准的:fullscreen 伪类，我们可以放心使用。

15.3　了解画中画伪类:picture-in-picture

画中画技术主要是针对<video>视频元素的，因为用户有边看视频边做其他事情的需求，画中画技术可以让 Web 视频以独立的窗口脱离浏览器显示。而:picture-in-picture 伪类就可以匹配进入画中画模式的视频元素。举个例子，有如下 HTML 代码和 CSS 代码：

```
<video src="fish.mp4" controls playsinline loop></video>
```

```
:picture-in-picture {
  outline: 5px solid yellow;
  box-shadow: 0 0 0 6px red;
}
```

则当前<video>元素在进入画中画模式后，会出现黄色的轮廓和红色的线框，效果如图 15-4 所示。

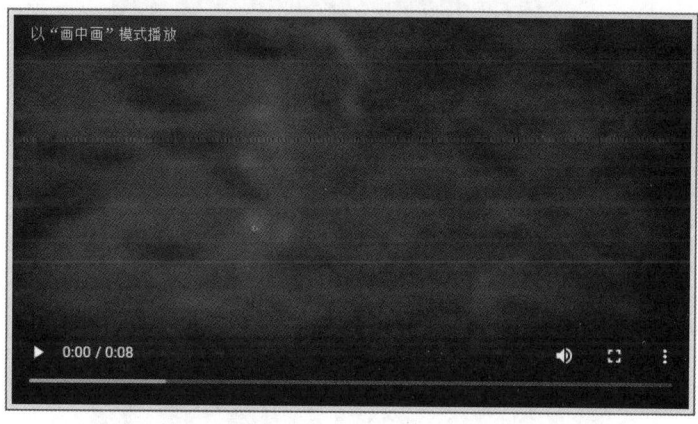

图 15-4　视频进入画中画模式后显示了亮色轮廓和边框

读者可输入 https://demo.cssworld.cn/selector2/15/3-1.php 或者扫描下面的二维码体验效果。

目前 Chrome 浏览器和 Safari 浏览器都已经完全支持画中画技术，因此 :picture-in-picture 伪类在这两个浏览器中也是完全支持的。

15.4　使用 ::backdrop 伪元素改变底部蒙层

无论是 15.1 节中的模态弹框，还是 15.2 节中的全屏效果，抑或是 15.3 节中的视频，都会出现黑色或者半透明黑色的蒙层。而这个蒙层就可以使用 ::backdrop 伪元素进行样式设置。

以模态弹框为例，如果设置如下的 CSS 属性，那么 Chrome 浏览器下默认 10% 的黑色半透明层的颜色就会深很多，效果如图 15-5 所示。

```
dialog::backdrop {
    background: #000a;
}
```

图 15-5　模态弹框的黑色半透明蒙层

又如图像元素的全屏显示效果，在 15.2 节的例子中蒙层是纯黑色的，现在设置如下 CSS 属性后，蒙层就变成了黑色半透明，效果如图 15-6 所示。

```
img::backdrop {
    background: #000a;
}
```

图 15-6　图片元素全屏时的黑色半透明蒙层

再如视频元素的全屏显示效果，设置如下 CSS 属性后，也不再是浏览器默认的纯黑色，而是黑色半透明，效果如图 15-7 所示。

```css
video::backdrop {
    background: #000a;
}
```

图 15-7　视频全屏时候的黑色半透明蒙层

以上示例效果均可以访问 https://demo.cssworld.cn/selector2/15/4-1.php 或者扫描下面的二维码体验。

`::backdrop` 伪元素的兼容性相当好，不仅被所有现代浏览器支持，甚至被 IE11 浏览器支持（需要加 -ms- 私有前缀），大家可以放心使用。